涉农专利全程管理

刘 勤 胡良龙 著

中国农业科学技术出版社

图书在版编目（CIP）数据

涉农专利全程管理／刘勤，胡良龙著．—北京：中国农业科学技术出版社，2021.1

ISBN 978-7-5116-5122-8

Ⅰ．①涉…　Ⅱ．①刘…②胡…　Ⅲ．①农业技术-专利-管理-研究　Ⅳ．①S-18

中国版本图书馆 CIP 数据核字（2021）第 016209 号

责任编辑　李冠桥
责任校对　李向荣
责任印制　姜义伟　王思文

出 版 者　中国农业科学技术出版社
北京市中关村南大街 12 号　邮编：100081
电　　话　(010)82109705(编辑室)　(010)82109702(发行部)
(010)82109709(读者服务部)
传　　真　(010)82109698
网　　址　http://www.castp.cn
经 销 者　各地新华书店
印 刷 者　北京建宏印刷有限公司
开　　本　710mm×1 000mm　1/16
印　　张　11.25　彩插　2 面
字　　数　200 千字
版　　次　2021 年 1 月第 1 版　2021 年 1 月第 1 次印刷
定　　价　60.00 元

前　言

中华人民共和国成立70年以来，我国农业农村科技发展面貌发生了翻天覆地的变化。2019年，我国农业科技进步贡献率达到59.2%，农作物良种覆盖率达到96%以上，农作物耕种收综合机械化率超过70%，技术创新已成为我国农业农村经济增长最重要的驱动力。

技术创新是灵魂，而专利是激励和保护技术创新、促进和推动产业发展的制度保障。专利集技术、经济、商业、法律等相关信息于一体，它在数据的可得性、完整性以及信息披露等方面具有不可比拟的优势。专利不仅是技术创新的阶段性成果，同时也能对后续的技术创新产生重要的影响。作为一种新兴的生产要素，以涉农专利为代表的知识产权在农业科技进步中发挥着越来越重要的战略性作用。特别是专利挖掘、专利规避设计、专利价值评估、竞争对手专利分析、专利许可、专利质押等新兴业态的涌现，为农业技术创新提供了重要支撑。

随着知识产权战略的深入实施，我国涉农专利数量和质量有了明显提升，但仍面临专利多而不优、保护不够严格、有效运用不足、影响创新及转化热情等问题，众多涉农专利“养在深闺人未识”，涉农专利成果走出“象牙塔”服务现代农业发展的还不多。这对涉农单位专利管理工作提出了新的更高要求，需要进一步提高专利创造、应用、管理与保护水平，需要提供更专业化、更系统化的全程管理服务，需要培育更多具备核心竞争力的高质量专利，为农业农村高质量发展保驾护航。

本书在涉农专利基础知识、保护与管理、挖掘与布局、信息分析、价值评估、高价值专利培育等方面进行了较为系统的梳理和较为深入的阐述，并通过针对性的实例详细介绍了分析步骤、操作技巧等，体现了作者在学术研究和工作实践中最新的知识积累和研究成果。既有利于初学者根据涉农专利管理的目的由浅入深地学习，也有利于具有一定经验的涉农专利工作者直接查阅相关的分析方法和手段，对促进涉农单位专利管理工作规范化具有较强的实践指导意义。

希望本书能对涉农单位及个人提高专利管理水平和专利运用成效，形成专利和技术创新相互促进的良性循环起到积极作用。由于时间仓促、水平有限，书中的观点和内容难免存在不足之处，希望读者给予批评指正，提出宝贵的意见和建议，以便再版时加以完善和改进。

作　者

2020 年 8 月

目　录

第一章　涉农专利基础知识

作为知识产权的重要组成部分，专利是创新发展的重要手段，它不仅有效保护了发明创造，促进了发明技术向全社会的公开与传播，还避免了对相同技术的重复研究开发，有利于全社会的技术进步。

第一节　涉农专利的概念

专利（Patent）一词来源于拉丁语 Litterae patentes，意为公开的信件或公共文献，是中世纪的君主用来颁布某种特权的证明，后来指英国国王亲自签署的独占权利证书。在现代，专利一般是由政府机关或者代表若干国家的区域性组织根据申请而颁发的一种文件，这种文件记载了发明创造的内容，并且在一定时期内产生这样一种法律状态，即获得专利的发明创造，在一般情况下，他人只有经专利权人许可才能予以实施。专利是世界上最大的技术信息源，据实证统计分析，专利包含了世界科技信息的90%~95%。

所谓涉农专利，并不是专利门类中的特别概念，而是针对专利所涉领域而进行的分类研究。涉农专利是指产生于种植业、林业、畜牧业、渔业等领域，包括与其直接相关的产前、产中、产后服务的专利。其主要客体是农业领域的创新技术，例如肥料和饲料的新配方、农药和兽药化合物、农机具和渔具的发明创造等。

第二节　涉农专利的特点和类别

一、涉农专利的特点

涉农专利具有独占性、时间性和地域性三大特点。

独占性，也称排他性或专有性。涉农专利权人对其拥有的专利权享有独占或排他的权利，未经其许可或者出现法律规定的特殊情况，任何人不得使用，否则即构成侵权。这是涉农专利权最重要的法律特点之一。

时间性，指法律对涉农专利权所有人的保护是有期限的，超过时间限制则不予以保护，涉农专利权随即成为人类共同财富，任何人都可以无偿使用。

地域性，指任何一项涉农专利权，只有依据一定地域内的法律才得以产生，并在该地域内受到法律保护。

二、涉农专利的类别

根据《中华人民共和国专利法》中的相关规定，专利可以分为：发明专利、实用新型专利和外观设计专利。根据此分类原则，可将涉农专利分为涉农发明专利、涉农实用新型专利和涉农外观设计专利。

涉农发明专利是指对产品、方法或者其改进所提出的新的技术方案，主要体现新颖性、创造性和实用性。取得涉农专利的发明又分为产品发明（如机器、仪器设备、用具）和方法发明（制备方法）两大类。

涉农实用新型专利是指对产品的形状、构造或者其结合所提出的适于实用的新的技术方案，授予涉农实用新型专利不需经过实质审查，手续比较简便，费用较低，因此，关于农业机械、渔业机械等方面的有形产品的小发明，比较适用于申请涉农实用新型专利。

涉农外观设计专利是指对产品的形状、图案或者其结合以及色彩与形状、图案的结合所作出的富有美感并适于工业应用的新设计。涉农外观设计专利的保护对象，是产品的装饰性或艺术性外表设计，这种设计可以是平面图案，也可以是立体造型，更常见的是这二者的结合，授予涉农外观设计专利的主要条件是新颖性。

三、涉农发明、实用新型和外观设计专利的区别

1. 在“三性”要求上的区别

在授予涉农发明专利时，以及在判定一项涉农实用新型专利是否有效时，将以新颖性、创造性与实用性为标准。而判定一项涉农外观设计专利是否有效时，则以新颖性为标准。而且，“新颖性”的含义对不同客体也有所不同。对于涉农发明与涉农实用新型，“新颖性”是指在申请日以前，没有同样的发明或者实用新型在国内外出版物上公开发表过、在国内使用过或以其他方式在国内被公众所知，也没有同样的发明或实用新型由他人向国务院专利行政部门提出申请。对于涉农外观设计，“新颖性”则是指前所未有的，是现有的外观设计所没有的。

2. 在强制许可方面的区别

《中华人民共和国专利法》所规定的强制许可制度，只适用于涉农发明专利与涉农实用新型专利，不适用于涉农外观设计专利。

3. 在专利权保护依据上的区别

涉农发明专利或涉农实用新型专利的受保护范围，要以申请案中的“权利要求书”为准。申请案中的附图及说明书可用来解释权利要求书。涉农外观设计专利的受保护范围，则以表示在申请案中的图片或照片所反映的外观设计专利产品为准。

4. 对提交不同涉农专利申请案的不同要求

申请涉农发明专利或者涉农实用新型专利，应当提交请求书、说明书、说明书摘要及权利要求书等文件；说明书应当对发明或实用新型作出清楚的、完整的说明，以所属技术领域的一般技术人员能够实施为准。而申请涉农外观设计专利，只要求提交请求书及有关图片或照片。

5. 在审查程序上的区别

根据《中华人民共和国专利法》规定，我国国务院专利行政部门仅对涉农发明专利申请案实行实质审查，对涉农实用新型申请除形式审查外，只进行有限的“查重”，即审查是否与审查员所掌握的已有申请案重复。这种查重尚不能达到新颖性审查的高度。

第三节　涉农专利权的主要内容

一、权利

1. 实施许可权

它是指涉农专利权人可以许可他人实施其专利技术并收取专利使用费。许可他人实施专利的，当事人应当订立书面合同。

2. 转让权

它是指涉农专利权可以转让。转让涉农专利权的，当事人应当订立书面合同，并向国务院专利行政部门登记，由国务院专利行政部门予以公告，涉农专利权的转让自登记之日起生效。中国单位或者个人向外国人转让涉农专利权的，必须经国务院有关主管部门批准。

3. 标示权

它是指涉农专利权人享有在其专利产品或者该产品的包装上标明专利标

记和专利号的权利。

二、义务

涉农专利权人的义务主要是缴纳专利年费。《中华人民共和国专利法》第 43 条规定：专利权人应当自被授予专利权的当年开始缴纳年费。未按规定交纳年费的，可能导致其专利权在期限届满前终止。

三、效力

涉农发明专利权和涉农实用新型专利权被授予后，除《中华人民共和国专利法》另有规定的以外，任何单位或者个人未经涉农专利权人许可，都不得实施其专利，即不得以生产经营为目的制造、使用、许诺销售、销售、进口其专利产品，或者使用其专利方法以及使用、许诺销售、销售、进口依照该专利方法直接获得的产品。这里的许诺销售，是指以做广告、在商店橱窗中陈列或者在展销会上展出等方式作出销售商品的意思表示。

涉农外观设计专利权被授予后，任何单位或者个人未经专利权人许可，都不得实施其涉农专利，即不得以生产经营为目的制造、销售、进口其外观设计专利产品。

四、强制许可

强制许可又称为非自愿许可，是指国务院专利行政部门依照法律规定，不经涉农专利权人的同意，直接许可具备实施条件的申请者实施发明或实用新型专利的一种行政措施。其目的是为了维护国家利益和社会公共利益，促进获得涉农专利的发明创造得以实施，防止涉农专利权人滥用专利权。

第四节　涉农专利权的主体和客体

一、涉农专利权的主体

涉农专利权的主体即涉农专利权人，是指依法享有涉农专利权并承担相应义务的个人或单位。

涉农专利权主体包括以下 4 种。

1. 发明人或设计人

它是指对发明创造的实质性特点做出了创造性贡献的人。在完成发明创造过程中，只负责组织工作的人、为物质技术条件的利用提供方便的人或者从事其他辅助性工作的人，例如试验员、描图员、机械加工人员等，均不是发明人或设计人，其中，发明人是指发明的完成人；设计人是指实用新型或外观设计的完成人。发明人或设计人，只能是自然人，不能是单位、集体或课题组。

发明人或设计人包括非职务发明创造的发明人或者设计人和职务发明创造的发明人或者设计人两类。非职务发明创造，是指既不是执行本单位的任务，也不是主要利用单位提供的物质技术条件所完成的发明创造。对于非职务发明创造，申请涉农专利的权利属于发明人或者设计人，申请被批准后，该发明人或者设计人为涉农专利权人。

如果一项非职务发明创造是由两个或两个以上的发明人、设计人共同完成的，则完成发明创造的人称之为共同发明人或共同设计人。共同发明创造的涉农专利申请权和取得的涉农专利权归全体共有人共同所有。

2. 单位

对于职务发明创造来说，涉农专利权的主体是该发明创造的发明人或者设计人的所在单位。职务发明创造，是指执行本单位的任务或者主要是利用本单位的物质技术条件所完成的发明创造。这里所称的“单位”，包括各种所有制类型和性质的内资企业和在中国境内的中外合资经营企业、中外合作企业和外商独资企业；从劳动关系上讲，既包括固定工作单位，也包括临时工作单位。

职务发明创造分为 2 类：

（1）执行本单位任务所完成的发明创造。包括 3 种情况。

① 在本职工作中作出的发明创造。

② 履行本单位交付的本职工作之外的任务所作出的发明创造。

③ 退职、退休或者调动工作后 1 年内作出的，与其在原单位承担的本职工作或者原单位分配的任务有关的发明创造。

在第③种情况中，只有同时具备两个条件，才构成职务发明创造：第一，该发明创造必须是发明人或设计人从原单位退职、退休或者调动工作后 1 年内作出的；第二，该发明创造与发明人或设计人在原单位承担的本职工作或者原单位分配的任务有联系。

（2）主要利用本单位的物质技术条件所完成的发明创造。“本单位的物质技术条件”是指本单位的资金、设备、零部件、原材料或者不对外公开的技术资料等。一般认为，如果在发明创造过程中，全部或者大部分利用了单位的资金、设备、零部件、原料以及不对外公开的技术资料，这种利用对发明创造的完成起着必不可少的决定性作用，就可以认定为主要利用本单位物质技术条件。如果仅仅是少量利用了本单位的物质技术条件，且这种物质条件的利用，对发明创造的完成无关紧要，则不能因此认定是职务发明创造。对于利用本单位的物质技术条件所完成的发明创造，如果单位与发明人或者设计人订有合同，对申请涉农专利的权利和涉农专利权的归属作出约定的，从其约定。

3. 受让人

受让人是指通过合同或继承而依法取得该涉农专利权的单位或个人。涉农专利申请权和涉农专利权均可以转让。涉农专利申请权转让之后，如果获得了涉农专利，那么受让人就是该涉农专利权的主体；涉农专利权转让后，受让人成为该涉农专利权的新主体。

4. 外国人

外国人包括具有外国国籍的自然人和法人。在中国有经常居所或者营业场所的外国人，享有与中国公民或单位同等的涉农专利申请权和涉农专利权。在中国没有经常居所或者营业场所的外国人、外国企业或者外国其他组织在中国申请涉农专利的，依照其所属国同中国签订的协议或者共同参加的国际条约，可以申请涉农专利。

二、涉农专利权的客体

涉农专利权的客体，是指依法授予涉农专利权的发明创造。根据《中华人民共和国专利法》第 2 条的规定，涉农专利权的客体包括发明、实用新型和外观设计 3 种。

第五节　授予涉农专利权的条件

发明创造要取得涉农专利权，必须满足实质条件和形式条件。实质条件是指申请涉农专利的发明创造自身必须具备的属性要求，形式条件则是指申请涉农专利的发明创造在申请文件和手续等程序方面的要求。

一、涉农发明或者实用新型专利的授权条件

1. 新颖性

新颖性是指在申请日以前没有同样的发明或者实用新型在国内外出版物

上公开发表过、在国内公开使用过或者以其他方式为公众所知，也没有同样的发明或者实用新型由他人向专利局提出过申请并且记载在申请日以后公布的专利申请文件中。申请涉农专利的发明或者实用新型必须不同于现有技术，同时还不得出现抵触申请。

抵触申请是指一项申请涉农专利的发明或者实用新型在申请日以前，已有同样的发明或者实用新型由他人向专利局提出过申请，并且记载在该发明或实用新型申请日以后公布的专利申请文件中。先申请被称为后申请的抵触申请。抵触申请会破坏新颖性。

申请涉农专利的发明、实用新型和外观设计在申请日以前6个月内，有下列情形之一的，不丧失新颖性。

（1）在中国政府主办或者承认的国际展览会上首次展出的。

（2）在国务院有关主管部门和全国性学术团体组织召开的学术会议或者技术会议上首次发表的。

（3）他人未经申请人同意而泄露其内容的。

2. 创造性

创造性是指同申请日以前已有的技术相比，发明有突出的实质性特点和显著的进步，实用新型有实质性特点和进步。申请涉农专利的发明或实用新型，必须与申请日前已有的技术相比，在技术方案的构成上有实质性的差别，必须是通过创造性思维活动产生的结果，不能是通过现有技术进行简单的分析、归纳、推理就能够自然获得的结果。发明的创造性比实用新型的创造性要求更高。创造性的判断以所属领域普通技术人员的知识和判断能力为准。

3. 实用性

实用性是指涉农发明或者实用新型能够制造或者使用，并且能够产生积极效果。它有两层含义：第一，该技术能够在涉农产业中制造或者使用，产业中的制造和利用是指具有可实施性及再现性；第二，必须能够产生积极的效果，即同现有的技术相比，申请涉农专利的发明或实用新型能够产生更好的经济效益或社会效益，如能提高作物产量、提高作业效率、增加机具功能、节水节肥节药、防治环境污染等。

二、外观设计涉农专利的授权条件

1. 新颖性

新颖性是指授予涉农专利权的外观设计，应当同申请日以前在国内外出版物上公开发表过或者国内公开使用过的外观设计不相同和不相近似。外观设计必须依附于特定的产品，因而“不相同”不仅指形状、图案、色彩或其组合外观设计本身不相同，而且指采用设计方案的产品也不相同。“不相近似”要求申请涉农专利的外观设计不能是对现有外观设计的形状、图案、色彩或其组合的简单模仿或微小改变。

2. 实用性

实用性是指授予涉农专利权的外观设计本身以及作为载体的产品需要能够以工业的方法重复再现，即能够在工业上批量生产。

3. 富有美感

授予涉农专利权的外观设计必须富有美感。美感是指该外观设计从视觉感知上的愉悦感受，与产品功能是否先进没有必然联系。富有美感的外观设计在扩大产品销路方面具有重要作用。

4. 不得与他人在先取得的合法权利相冲突

这里的在先权利包括了商标权、著作权、企业名称权、肖像权、知名商品特有包装装潢使用权等。“在先取得”是指在外观设计的申请日或者优先权日之前取得。

三、不授予涉农专利权事项

第一，科学发现。

第二，智力活动的规则和方法。

第三，疾病的诊断和治疗方法。

第四，动物和植物品种。

第五，原子核变换方法以及原子核变换方法获得的物质。

第六，对平面印刷品的图案、色彩或者二者的结合作出的主要起标识作用的设计。

对第四项所列产品的生产方法，可以依照《中华人民共和国专利法》规定授予专利权。

第六节　授予涉农专利权的程序

一、涉农专利申请

1. 申请文件

申请涉农发明或者实用新型专利的，应当提交请求书、说明书及其摘要和权利要求书等文件。请求书应当写明发明或者实用新型的名称，发明人或者设计人的姓名，申请人姓名或者名称、地址，以及其他事项。说明书应当对发明或者实用新型作出清楚、完整的说明，以所属技术领域的技术人员能够实现为准；必要的时候，应当有附图。摘要应当简要说明发明或者实用新型的技术要点。权利要求书应当以说明书为依据，说明要求专利保护的范围。

申请涉农外观设计专利的，应当提交请求书以及该外观设计的图片或者照片等文件，并且应当写明使用该外观设计的产品及其所属的类别。

2. 申请原则

（1）形式法定原则。它是指申请涉农专利的各种手续，都应当以书面形式或者国家知识产权局专利局规定的其他形式办理。

（2）单一性原则。它是指一件涉农专利申请只能限于一项发明创造。但是属于一个总的发明构思的两项以上的发明或者实用新型，可以作为一件申请提出；用于同一类别并且成套出售或者使用的产品的两项以上的外观设计，可以作为一件申请提出。

（3）先申请原则。它是指两个或者两个以上的申请人分别就同样的发明创造申请涉农专利的，涉农专利权授给最先申请的人。

（4）优先权原则。它是指涉农专利申请人就其发明创造第一次在某国提出涉农专利申请后，在法定期限内，又就相同主题的发明创造提出涉农专利申请的，根据有关法律规定，其在后申请以第一次涉农专利申请的日期作为其申请日，涉农专利申请人依法享有的这种权利，就是优先权。涉农专利优先权的目的在于，排除在其他国家抄袭此涉农专利者，有抢先提出申请，取得注册之可能。

3. 申请日

专利局收到涉农专利申请文件之日为申请日。如果申请文件是邮寄的，以寄出的邮戳日为申请日。申请人享有优先权的，优先权日视为申请日。

二、涉农专利审批

1. 涉农发明专利的审批

（1）初步审查。专利主管机关查明该申请是否符合《中华人民共和国专利法》关于申请形式要求的规定。

（2）早期公开。专利局收到涉农发明专利申请后，经初步审查认为符合要求的，自申请日起满 18 个月，即行公布。专利局可以根据申请人的请求早日公布其申请。

(3) 实质审查。涉农发明专利申请自申请日起3年内，专利局可以根据申请人随时提出的请求，对其申请进行实质审查；申请人无正当理由逾期不请求实质审查的，该申请即被视为撤回。专利局认为必要的时候，可以自行对涉农发明专利申请进行实质审查。

(4) 授权登记公告。涉农发明专利申请经实质审查没有发现驳回理由的，由专利局作出授予发明专利权的决定，发给发明专利证书，同时予以登记和公告。发明专利权自公告之日起生效。

2. 涉农实用新型和外观设计专利的审批

涉农实用新型和外观设计专利申请经初步审查没有发现驳回理由的，由专利局作出授予实用新型专利权或者外观设计专利权的决定，发给相应的专利证书，同时予以登记和公告。实用新型专利权和外观设计专利权自公告之日起生效。

三、涉农专利复审

国家知识产权局设立专利复审委员会。涉农专利申请人对专利局驳回申请的决定不服的，可以自收到通知之日起3个月内，向专利复审委员会请求复审。专利复审委员会复审后作出决定，并通知涉农专利申请人。涉农专利申请人对专利复审委员会的复审决定不服的，可以自收到通知之日起3个月内向人民法院起诉。

涉农专利权被宣告无效后，涉农专利权视为自始即不存在。宣告涉农专利权无效的决定，对在宣告涉农专利权无效前人民法院作出并已执行的专利侵权的判决、裁定，已经履行或者强制执行的专利侵权纠纷处理决定，以及已经履行的专利实施许可合同和专利权转让合同，不具有追溯力。但是因涉农专利权人的恶意给他人造成的损失，应当给予赔偿。

第七节　有效和失效涉农专利

一、有效涉农专利和失效涉农专利

涉农专利按持有人所有权分为有效涉农专利和失效涉农专利。

有效涉农专利是指涉农专利申请被授权后，仍处于有效状态的涉农专利。要使涉农专利处于有效状态，首先，该涉农专利权还处在法定保护期限内，另外，涉农专利权人需要按规定缴纳了年费。

失效涉农专利是指涉农专利申请被授权后，因为已经超过法定保护期限或因为涉农专利权人未及时缴纳专利年费而丧失了专利权，或被任意个人或者单位请求宣布专利无效后经专利复审委员会认定并宣布无效而丧失专利权。

失效涉农专利对所涉及的技术的使用不再有约束力。

二、失效涉农专利的 2 个效用

失效涉农专利的第一个效用：任何单位或个人可以无偿地使用，并由此获得经济效益。

失效涉农专利的第二个效用：任何单位或个人可以无偿地对失效涉农专利进行改进，并得以实施。在涉农专利有效期内，改进该发明的涉农专利权人在实施中（包括自己实施与技术许可、技术转让），须与原发明的专利权人达成协议，并向原发明的专利权人支付一定的专利技术使用费。

第一个效用与第二个效用的相同点是任何人可以无偿使用失效涉农专利。不同点是第一个效用是任何人直接实施失效涉农专利，第二个效用是对失效涉农专利进行改进后再实施。

第二章　涉农专利的保护

加强涉农专利保护，这是完善农业知识产权保护制度最重要的内容，是优化市场环境、更好释放各类农业创新主体创新活力的重要方面，也是提高中国农业竞争力最大的激励。

涉农专利保护的概念。涉农专利保护是指在专利权被授予后，未经涉农专利权人的同意，不得对涉农专利进行商业性制造、使用、许诺销售、销售或者进口，在专利权受到侵害后，涉农专利权人通过协商、请求专利行政部门干预或诉讼的方法保护专利权的行为。

涉农专利的保护期限。涉农发明专利的保护期限是自申请日起 20 年，涉农实用新型和涉农外观设计的保护期限是自申请日起 10 年。涉农专利保护期限届满、未缴付年费或主动提出放弃的，涉农专利权将不再受到保护。

涉农专利的保护范围如下。

一是涉农发明或者实用新型专利权的保护范围以其权利要求的内容为准，说明书或附图可以用以解释权利要求。如何确定涉农专利保护的内容，以权利要求书确定的范围为准。

二是涉农外观设计专利权的保护范围以表示在图片或照片中的该涉农外观设计专利产品为准。

三是一个国家或一个地区所授予的专利保护权仅在该国或地区的范围内有效，除此之外的国家和地区不发生法律效力。

第一节　涉农专利权的无效与终止

一、涉农专利权的无效

涉农发明创造被授予专利权后，任何单位或个人发现有不符合《中华人民共和国专利法》有关规定的，都可以在涉农专利授权之日起申请宣告该专利权无效。请求宣告专利无效，必须依法向专利复审委员会提交申请书和相应文件，并说明理由。专利复审委员会认为请求书符合法律规定的，应依法定程序作出宣告专利权无效或者维持专利权的决定，当事人对该决定不服的，可依法提起诉讼。

被宣告无效的涉农专利权视为自始不存在。

涉农专利权“无效宣告请求的理由”包括以下4个方面。

1. 主题不符合涉农专利授予条件

包括：发明、实用新型的主题不具备新颖性、创造性或实用性；外观设计专利的主题不具备新颖性或者与他人在先取得的合法权利相冲突。

2. 涉农专利申请中的不合法情形

说明书没有充分公开发明或者实用新型，授权专利的权利要求书没有以说明书为依据，专利申请文件的修改超出规定的范围，专利权的主题不符合发明、实用新型或外观设计的定义，授权专利的权利要求书不清楚、不简明或者缺少解决其技术问题的必要技术特征。

3. 违反法律强制性规定的情形

违反国家法律、社会公德或者妨害公共利益的情形；科学发现等法律规定不授予涉农专利权的情形。

4. 重复授权的情形

两个以上的申请人分别就同样的发明创造申请涉农专利的，涉农专利权授予最先申请的人，非最先申请的人但已经取得涉农专利权的，可以宣告其无效。

二、涉农专利权的终止

涉农专利权是一种有期限的无形财产权，期限届满，权利便依法终止。同时更多的涉农专利权由于专利权人不愿维持，或者主动放弃而在期限届满前可能终止。涉农专利权终止以后，受该项专利权保护的发明创造便成为全社会的财富，任何人都可以无偿利用。涉农专利权终止的情形主要有3种。

1. 期限届满终止

涉农发明专利权自申请日起算维持满20年，涉农实用新型或者外观设计专利权自申请日算起维持满10年，依法终止。

2. 没有按照规定缴纳年费的终止

专利局发出缴费通知书，通知涉农专利权人补缴本年度的年费及滞纳金后，涉农专利权人在专利年费滞纳期满仍未缴纳或者缴足本年度年费和滞纳金的，自滞纳期满之日起两个月内，专利局作出涉农专利终止通知并通知涉农专利权人，涉农专利权人如未启动恢复程序或恢复未被批准的，涉农专利权将终止，涉农专利终止日应为上一年度期满日。

3. 涉农专利权人主动放弃专利权

涉农专利权人自愿将其发明创造贡献给全社会，可以提出声明主动放弃专利权。放弃专利权只允许放弃全部专利权，不允许放弃部分专利权。放弃一件有两名以上的专利权人的专利时，应当由全体专利权人的同意，并在声明或其他文件上签章。两名以上的专利权人中，有一个或者部分专利权人要求放弃专利权的，应当通过办理著录项目变更手续，改变专利权人。

第二节　涉农专利权流失的几种情形及应对

1. 防止因未及时缴费导致知识产权流失

实践中，因为未按时缴纳专利年费导致专利权流失的情况时有发生。为了避免因这种疏忽而导致的专利权流失现象，涉农专利权人应该按照《中华人民共和国专利法》及其《实施细则》以及国家知识产权局的有关规定，按时提交有关材料，缴纳专利年费。

2. 防止涉农单位改制、重组、合资中的专利权流失

涉农单位在改制、重组、合资过程中的不规范运作，如低评估或漏评估专利价值，或没有及时办理专利权的变更、转让等手续，或将具有重要价值的专利搁置不用，则容易造成专利权的流失。针对此种情况，涉农单位应当在改制、重组、合资过程中注意加强专利的评估工作，积极办理相关变更、转让等手续，并对具有重要价值的知识产权的权属和使用方式、使用范围等进行明确约定。

3. 防止人才流动中的涉农专利权流失

合理的人才流动有利于科技创新，但是，对于一个涉农单位来讲，如果管理不当，人才流动则有可能造成专利权的流失。

（1）人才流动中涉农专利权流失的以下 3 种表现形式。

① 人才跳槽、学生离校、退休人员退休后再就业等，带走属于原单位的专利技术。

② 在职人员从事第二职业（兼职）。他们将本属于单位的专利技术，带到兼职的单位去，从事开发经营活动。

③ 客座人员等流动人员将阶段成果、子项目等进行完善，然后以个人名义申请专利等。

（2）针对人才流动导致涉农专利权流失的应对措施。

① 合同约束措施。涉农单位应与职工签署知识产权保护合同书，以合同的形式约束职工行为，防止专利技术的流失。合同约束措施包括三种形式：一是单位与职工签订的劳动合同中，增加有关知识产权保护条款；二是单位与职工签订专门的知识产权保护合同；三是单位与少数掌握专利技术的关键人员签订“竞业禁止协议”。

竞业禁止是指根据法律规定，用人单位通过劳动合同和保密协议，禁止劳动者在本单位任职期间，同时兼职于与其所在单位有业务竞争的单位；或禁止他们在原单位离职后一段时间内，在与原单位有业务竞争的单位从业，包括劳动者自行创建的与原单位业务范围相同的企业。

② 制度约束措施。通过建立健全涉农单位知识产权管理制度，构建单位自身的专利保护体系。

③ 人才激励措施。对贡献突出的人才采取专利技术入股、效益提成、发放奖金等多种奖励形式，留住人才。

④ 法律制裁措施。对于人才流动中采取违法手段，导致涉农单位知识产权流失严重的，要通过法律途径维护单位的合法权益。

4. 防止档案管理和对外交流中的涉农专利技术流失

防止有关的知识产权载体，如项目论证报告、研究计划及记录、技术总结以及有关的计算、实验数据、图纸等技术资料保管不当，未及时存档或存档不全，落入他人之手或遗失而造成专利技术流失。因此加强档案管理是防范专利技术流失的重要措施。

5. 由于管理不当而造成的流失

管理部门对在本单位内发生的各项研究活动掌握不清，致使有些属职务性的发明创造、科技成果及作品变成了非职务性的，从而造成涉农专利权的流失。

6. 有关人员对知识产权法律制度不了解导致的流失

有的科研人员在发表论文、申请专利、召开鉴定会、编写成果说明、参加学术或技术交流会、技术洽谈会、各类展览会以及接待到访人员时，过于详细、不分情况地介绍自己的技术，至使无形资产无形地流失。有的科研人员在从事研究过程中，以为申请专利的技术必须经过验证，延误了申请专利，殊不知申请专利可以纸上谈兵，只要你认为在方案上可行就可申请专利。在研究过程中有了科学发现，就应马上公布，而不必非等到对这一发现能有所解释那一天。

第三节　涉农专利的侵权和维权

涉农专利权并非伴随着发明创造的完成而自动产生。一项发明创造完成后，权利人需要按照《中华人民共和国专利法》规定的法定程序向专利局书面申请。经过审查后，方能获得专利权。权利人获得专利权后，最大的法律风险就是专利侵权。一方面，专利权人有遭到他人侵权的可能；另一方面，也有侵犯其他人的专利权利的可能。

一、涉农专利侵权行为

涉农专利侵权行为是指在涉农专利权有效期限内，行为人未经涉农专利权人许可且又无法律依据，以营利为目的实施他人专利或假冒他人专利的行为。

根据侵权行为的表现形式，涉农专利侵权行为分为直接侵权行为和间接侵权行为两类。

1. 直接侵权行为

主要指未经涉农专利权人许可，以生产经营为目的，制造、使用、销售、许诺销售、进口专利产品或利用专利方法获得的涉农专利产品，以及制造、销售、许诺销售、进口外观设计专利产品。

假冒涉农专利的行为具体包括以下 5 种。

（1）未经许可，在其制造或者销售的产品、产品的包装上标注他人的专利号。

（2）涉农专利权被宣告无效后，继续在制造或者销售的产品上标注专利标记。

（3）未经许可，在广告或者其他宣传材料中将非涉农专利技术称为涉农专利技术。

（4）未经许可，在合同中将非涉农专利技术称为涉农专利技术。

（5）伪造或者变造涉农专利证书、涉农专利文件或者涉农专利申请文件。

2. 间接侵权行为

主要指行为人本身的行为并不直接构成对涉农专利权的侵害，但实施了诱导、怂恿、教唆、帮助他人侵害专利权的行为。

3. 不视为侵犯涉农专利权的行为

（1）涉农专利权人制造、进口或者经涉农专利权人许可而制造、进口的专利产品或者依照专利方法直接获得的产品售出后，使用、许诺销售或者销售该产品的。

（2）在涉农专利申请日前已经制造相同产品、使用相同方法或者已经做好制造、使用的必要准备，并且仅在原有范围内继续制造、使用的。

（3）专为科学研究和实验而使用有关涉农专利的。

二、涉农专利的维权

涉农专利权人获得专利权之后，应在该专业领域内进行侵权产品或者侵权行为的跟踪，及时发现被侵权的事实，保留相关证据以便及时制止侵权、索赔，涉农专利权人可以通过协商、请求管理专利工作的部门处理、向人民法院起诉3种方式进行维权。

涉农专利权人在实施某项产品生产、投放市场前，应检索有关专利文献，了解自己的产品是否侵犯了他人的专利。

应对涉农专利侵权风险的常见方法如下。

1. 请求对方专利无效

根据《中华人民共和国专利法》第45条的一项规定，自国务院专利行政部门公告授予专利权之日起，任何单位或者个人认为该专利权的授予不符合本法有关规定的，可以请求国务院专利行政部门宣告该专利权无效，宣告无效的专利视为自始即不存在。

2. 现有技术抗辩

《中华人民共和国专利法》第67条规定，在专利侵权纠纷中，被控侵权人有证据证明其实施的技术或者设计属于现有技术或者现有设计的，不构成侵犯专利权。《中华人民共和国专利法》所称的现有技术，是指申请日以前在国内外为公众所知的技术。被控侵权人无须证明专利权人的技术或设计是现有技术或者现有设计，只需证明被诉落入专利权保护范围的全部技术特征，与一项现有技术方案中响应的技术特征相同，或者无实质性差异，即应当认定被诉侵权人实施的技术属于现有技术。

3. 主张先用权

《中华人民共和国专利法》第75条第2款规定，在专利申请日前已经制造相同产品、使用相同方法或者已经作好制造、使用的必要准备，并且仅在原有范围内继续制造、使用的，则不视为侵犯专利的行为。先用权抗辩有两个要点：第一个就是需要证明你是通过合法手段，在专利申请日前已掌握与涉案专利技术方案相同的技术，并实际制造、使用或已经作好制造、使用的必要准备；第二个就是只能在原有的范围内实施。

4. 规避设计

涉农专利权人被诉侵权，或是产品发布之前通过防侵权检索发现了有高风险的专利存在，那么可能就要作出规避设计。规避设计就是绕道而行的设计，是技术创新过程中一种常见的技术开发策略，通过设计一种不同于受专利保护的新方案，来规避该项专利。规避设计可以减少产品设计当中与专利权相同的一些技术特征或者替换一些技术特征来规避专利权。

第三章　涉农专利管理

涉农专利管理是综合了专利战略制定、制度设计、流程监控、运用实施、人员培训、创新整合等一系列管理行为的系统工程。涉农专利管理不仅与涉农专利创造、保护和运用一起构成了专利制度及其运作的主要内容，而且还贯穿于涉农专利创造、保护和运用的各个环节之中。

第一节　涉农专利管理现状

一、发展历程

涉农专利的发展与国家法律制度及经济环境息息相关。1949 年以来，涉农专利的发展历程可以划分为四个阶段：第一阶段为贫乏期。改革开放前，我国长期实行计划经济体制，保护专利的法律制度几乎空白，专利工作长期废止，涉农科研机构的技术创新成果无法获得专利权。第二阶段是涉农专利萌芽期。改革开放到 1985 年《中华人民共和国专利法》实施之前，我国实行有计划的商品经济，以商标、专利为代表的专利法律制度开始起步，一些涉农科研机构在技术研发的同时开始学习和运用专利制度。第三阶段为涉农专利成长期。从 1985 年到我国加入 WTO（世界贸易组织）前，我国逐步确定了建立有中国特色的社会主义市场经济体制的目标，在借鉴和吸收国外专利发展经验的基础上，我国专利法律体系逐步建立和完善，并成为一些主要的专利保护国际公约的成员国。国家司法、行政对专利的全方位保护体系逐步加强，涉农单位专利拥有量持续增加，涉农专利管理逐步得到加强。第四阶段为涉农专利质量提高期。我国加入 WTO 后，随着竞争的日益加剧，拥有高质量的专利越来越成为涉农单位提高核心竞争力的关键，广大涉农单位也更加注重专利管理。

二、工作进展

经过 30 多年的发展，我国涉农专利管理工作取得了极大进展，主要表现在：一是专利意识有所提高。随着我国加入 WTO 和对外开放的深入推进，我国涉农单位逐步认识到专利的意义和价值，专利的法律意识、权利意识不断增强。二是专利推动农业技术创新的作用日趋明显。专利的应用产生的经济效益激发了涉农科研人员科技创新的热情。以技术创新获取专利，以专利提高竞争能力的良性循环正在逐步形成。三是涉农专利数量有所增长，质量有所提高。我国涉农单位拥有的专利正在实现“由少到多”“由量到质”的双重飞跃。一批涉农专利通过转让和许可进入市场，参与市场竞争的能力显著提高。四是涉农专利管理和保护工作逐步加强。在我国专利立法不断完善、加入专利保护国际公约、强化国内司法和行政专利保护的宏观背景下，涉农单位不断强化专利管理，涉及激励措施、人才建设、合同管理、保密制度等多个环节。

三、存在的问题及原因分析

从总体来看，我国涉农专利管理水平仍然低于发达国家。涉农专利管理工作仍存在一些问题，其表现在以下 4 个方面。

1. 自主创新少

涉农科研院所和企业普遍重引进轻消化，重模仿轻创新，创新层次低，高质量发明少。以原始创新和集成创新为主的涉农科研机构普遍存在创新水平低、创新动能不足的问题，而涉农企业普遍存在动力不足、不想创新、不敢创新、不会创新的现象。

2. 涉农专利应用差

应用是涉农专利价值实现的主要方式，是提升市场竞争力的关键，也是涉农专利转化为现实生产力的唯一途径。当前，我国农业科技创新与市场相脱节，成果与市场“两张皮”问题较为严重，涉农专利成果应用渠道不畅，成果转化率低，产业化水平不高的问题普遍存在。

3. 涉农专利管理散

专利管理尚未成为涉农单位管理的重要内容，很多涉农单位还没有设置专门的专利管理职能部门，在专利管理上缺乏有效的交流机制。在研发新技术、新产品、新工艺方面，专利管理部门与研究开发部门普遍缺乏交流，缺少对科研全过程进行专利管理。此外，在专利管理方面还普遍存在对本单位拥有的专利缺乏评级管理和科学评估的问题。

4. 涉农专利保护弱

一些涉农单位缺乏足够的专利保护意识，不熟悉专利相关法律，不善于运用专利保护自主创新成果，不善于运用专利制度争取、保持和扩大市场竞争优势。

存在上述问题的原因比较复杂，大致可以归纳为以下3点。

（1）涉农单位创新力不足。涉农单位是专利的创造者和收益者，但由于体制机制不完善，很多涉农单位没有形成有效推进自主创新的体制和制度环境，科研创新文化氛围缺失，科技评价体系扭曲，科研投入使用效率不高，科技资源配置分散重复，重模仿轻创新，创新层次低，高端发明少，科研人员从事原创研究的内在动力还不足，缺乏重大原始创新的思想、方法、技术和产品，对“新、奇、特”的思想和事务常持怀疑态度，一味求稳、求全、求成功，创新精神和冒险竞争缺乏，整体创新效率不高。

（2）政府推力不强。政府既是有关政策法规的制定者和执行者，又是科研开发投入的供给者。只有通过上述两方面的引导与扶持，才能既为涉农单位专利的创造、应用、管理与保护提供良好的环境，又能通过研发投入直接协助涉农单位实现技术进步。目前，我国市场竞争机制还不完善，专利立法仍然存在不足，政府有关部门之间缺乏有效协调，行政管理成本高，相关扶持政策不配套，滞后效应明显。

（3）市场拉力不够。涉农专利既是一种可以独立流动的特殊资源和商品，又是通过农业生产环节提高产品和服务附加值的生产要素。市场是直接或间接反映专利价值的有效载体，也是拉动涉农单位创造专利的杠杆。目前我国市场机制不健全，技术市场不完善，缺少信息畅通的交易平台，评估、交易等专业中介服务无法适应涉农专利流动的需求，仿冒等不正当竞争和扰乱市场秩序的行为还比较严重，对涉农专利侵权行为打击不力，守法成本高、违法成本低的状况尚未得到根本扭转。

第二节　涉农专利管理原则

《国家知识产权战略纲要》提出，要按照激励创造、有效运用、依法保护、科学管理的方针，着力完善知识产权制度，积极营造良好的知识产权法治环境、市场环境、文化环境，大幅度提升我国知识产权创造、运用、保护和管理能力，为建设创新型国家和全面建设小康社会提供强有力支撑。

根据上述指导思想，结合涉农专利管理存在的问题，提出如下管理原则。

1. 坚持创新为本

创新是涉农单位保持长久生命力的灵魂。创新更是专利创造的源动力，只有不断创新，涉农单位才能保持自身的活力，才能抢占市场先机，跟上科技进步的步伐。作为科学的法律制度，专利制度就是通过法律手段保护科研人员的智力成果，调动科研人员发明创造的积极性，从而达到促进全社会科学技术进步的目的。所以在科技创新过程中，从一开始就要重视在如何提高单位自主创新能力上下功夫。要通过开展专利管理工作，努力摸清并解决单位创新能力不强所暴露的突出问题，积极培育创新意识，大力提高以发明创造为重点的技术创新能力。

2. 立足实际应用

必须以创新为本，立足应用。再好的科技创新成果，即使获得了发明专利，如果束之高阁，也不过是纸上谈兵，所以，要重视将法律保护之下的专利成果推广开来，尽可能地应用到农业生产的各个环节中去，加快将专利成果转化为现实生产力，这样才能真正形成单位自身的核心竞争力。

3. 夯实管理基础

涉农专利创造和应用都离不开管理，涉农单位专利创造和应用能力的高低，在很大程度上取决于其管理水平的高低。开展涉农专利管理要做到全程和全面，一方面，应当为科技创新的全过程提供支持和保障；另一方面，要为专利管理工作提供全面的操作指南，要努力解决专利管理工作中存在的实际问题，注重提高管理实效。

第三节　涉农专利管理的主要内容

涉农专利管理实质上是涉农专利权人对专利权实行财产所有权的管理。涉农专利权是专利权人在法律规定的范围内对其所有的专利权享有的占有、使用、收益和处分的权利。涉农专利虽然在形态上有其特殊性，但它仍然是客观实在的财产。所以，仍然可以对无形的专利权进行科学管理，进而提高专利的经营、使用效益。从宏观管理的角度来看，专利权的制度立法、司法保护、行政许可、行政执法、政策制定也都可纳入涉农专利管理的内容；从专利权人的角度来看，涉农专利权的产生、实施和维权都离不开对专利的有效管理。完善的涉农专利管理服务体系，将对发挥专利制度对农业科技创新的引导作用，强化专利保护，提高创新成果利用效率起到重要支撑作用。

涉农专利管理主要包括涉农专利的创造、运用、保护等方面，它们构成一个完整的链条，其中，创造属于链条的前端，保护和运用属于链条的后端。从关系上来看，创造是前提和基础，保护和运用是目标和保障。

1. 涉农专利的创造管理

主要从鼓励发明创造的目的出发，制订相应激励办法，促进发明创造的产出，做好涉农专利的登记统计、清资核产工作，掌握专利权变动情况，对直接占有的专利权实施直接管理，对非直接占有的专利权实施管理和监督。

2. 涉农专利的保护管理

当涉农单位被他人实施侵权行为时，结合实际情况，确定采用协商解决、向专利行政机关申诉、向有管辖权的人民法院提起专利诉讼等途径进行合理维权。

3. 涉农专利的运用管理

主要对涉农专利的经营和使用进行规范，研究核定专利经营方式和管理方式，根据自身情况对专利权的转让、拍卖、终止等进行处置管理；对专利运营效益进行收益管理，合理分配专利运用收益，一部分用于激励科研人员创造出更多的高质量发明创造，另一部分用于奖励为专利运用做出贡献的人员和单位再创新。

第四节 涉农专利管理实务

涉农专利管理是一项专业性较强的工作，因此，在管理工作中需要体现一定高度的专业性。涉农专利管理工作的一个重点就是管理体系的搭建和不断优化，完善的专利管理体系能够为涉农单位专利管理工作带来“权责清晰化、流程标准化、收益最大化”的效果。

1. 管理全覆盖

涉农专利管理工作者应当把专利管理工作融入单位的每个部门以及每个环节，并且需要通过自身的努力让单位员工的意识从“专利管理从无到有”到“专利管理无处不在”，再逐步上升到“专利管理工作与我息息相关”的高度。涉农专利管理工作者在单位中开展的专利宣传教育应当是潜移默化的，并不一定要拘泥于固定的形式、固定的时间和地点。当涉农专利管理工作者把单位的专利氛围营造得足够浓厚，其接下来的专利具体管理事务开展就会顺利很多。很多员工对专利管理相关工作的主动性和配合性将会显著提升。

2. 确立专利申请战略

依据涉农单位的总体发展目标与任务，涉农专利管理者对涉农专利申请的数量、质量、时机、类别形成一个总的目标和方针。国外许多大公司十分重视专利申请战略，如东芝公司根据企业研发未来产品、下一代产品和先行产品的不同步骤，把专利申请分成概念性发明发掘阶段、战略性专利申请阶段和专利网构筑阶段，从而使专利申请形成由点到线、由线到面、由面到网的总体战略。

3. 强化专利信息管理

涉农专利管理者应当加强专利信息管理，建立和完善与本单位科研、生产领域相关的专利信息数据库，充分运用专利文献信息，及时了解与本单位相关的国内外技术动态，提高创新研发的起点，避免低水平重复研究，节约人力和资金资源。

4. 科学制定激励政策

涉农专利管理者应当根据《中华人民共和国专利法》和国家相关政策规定要求，建立单位内部合理的知识产权利益分配与奖励制度，充分发挥职务发明人的聪明才智，最大限度地调动职务发明人的积极性，避免人才和技术流失。

5. 强化专利保护

涉农专利管理者应当加强专利保护，明确技术人员的权利义务，以及技术成果的权利归属，从而最大限度地避免因资产流转和人员流动而引发的专利权属纠纷。专利维权经常出现的困扰之一就是权利的稳定性问题，如果涉农单位平时专利管理到位，对自己的专利数量、内容、法律状态以及与他人权利的界限十分清楚，将专利取得和实施等过程中的重要资料分类管理，并完整保存，就可以为维权提供可靠的证据支持，从容应对他人提出的宣告无效和侵权诉讼等纠纷。

6. 提高专利运用能力

加强专利的创造、管理和保护，其目的就是为了提高涉农专利的运用能力。专利价值实现的主要手段是专利的实施、转让和许可，在这些工作过程中，涉农专利管理者应当提高专利运用能力，多渠道开展专利转移转化，避免专利授权后即束之高阁，沦为沉睡的无用资产。

第五节　元认知理论在涉农科研组织专利规范管理中的应用

涉农科研组织作为国家农业创新体系中的重要组成部分，在技术创新和成果转化中发挥了不可替代的作用。近年来，随着创新发展战略的深入实施，涉农科研组织专利产出量逐年增多，根据科研组织特点形成一整套将专利管理工作与科研开发活动有机结合的管理体系，有效促进各类资源向创新者集聚，增强科研发展的内生动力和活力，使专利工作不断向规范化、制度化方向发展，应成为涉农科研组织提高核心竞争力的必然选择。

涉农专利创造、运用、保护和管理四个方面构成了一个有机整体，离开任何一个方面，专利管理工作体系就会不完整。涉农专利规范管理就是要通过构建一定的管理体系，执行相关的规范，固化其操作流程的，进而打通专利创造、运用、保护、管理、服务全链条，用专利促进创新活动，提高创新活动的效率，保护创新活动的成果，全面提高农业科研组织专利管理水平。

一、元认知理论

元认知由美国心理学家弗拉维尔于 1970 年首次提出，弗拉维尔认为，元认知是以个体的认知过程为对象，并对认知过程进行监控、调节。元认知分为两部分，一部分是作为一种知识体系被运用，另一部分是作为一种动态运行的活动过程。这个活动过程通过监测和控制来实现，监测是指个体获知认知活动中所有信息的过程，控制是指个体对认知活动做出计划、调整的过程。监测和控制的循环交替进行构成了整个元认知活动，使元认知活动推动主体认知活动的进行。元认知在学习技能的获得和应用中具有重要的作用和意义，它可以使认知主体更有策略地运用知识，最有效地完成认知行为。有研究发现，问题的解决需要运用元认知策略，计划、监控、评价认知操作是作为解决问题和创造力基础的三个基本的元认知过程。元认知理论的提出，为研究专利规范管理提供了新的视角。

二、涉农专利规范管理的元认知内涵

A. Brown 认为，关于认知的知识和对认知的监控调节是元认知的两个重要成分。元认知内涵是强调个体的自我认识、自我调控，要求个体对自身认知过程的意识进行监控、调整，从而达到自动化程度。

围绕元认知内涵，结合农业科研组织专利规范管理的具体工作要求，将

涉农专利规范管理元认知内涵描述为3个部分：管理任务（Task）、管理认知（Manage Cognition）、操作流程（Procedure），简称为TMP。科研人员和管理人员所拥有的专利规范管理认知只有通过管理任务和操作流程才能发挥效用，同时，在管理任务执行中通过元认知监控这个实践性的环节，不断地检验、修正和发展其管理认知。科研人员和管理人员在某一具体管理任务中所产生的元认知体验可以转变为元认知知识，成为管理认知知识结构中的一部分。管理任务和操作流程的每一个执行步骤的效应，都会对元认知体验产生影响，而元认知体验反过来也会对元认知监控产生动力性作用，进而提高TMP整体效能。TMP具体描述如图3-1所示。

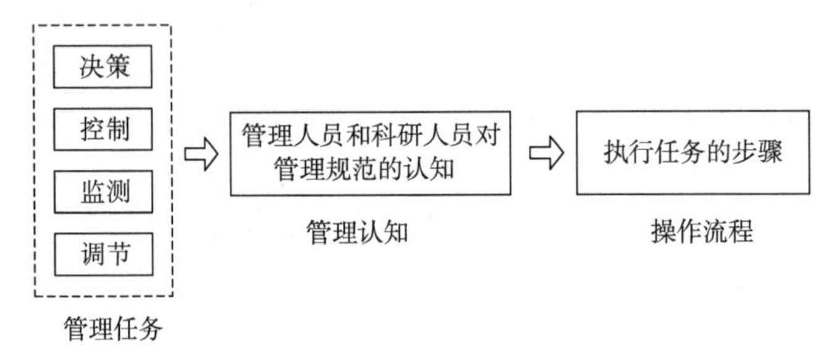

图3-1 涉农科研组织专利规范管理元认知内涵

1. 管理任务

管理任务是由若干基本任务以及这些基本任务融合的多任务组成。包括：一是策略架构、确定目标和规划，即决策；二是保持正常管理的操作，即控制；三是观察活动，发现问题并设法解决问题，即监测；四是评价与反思管理全过程，对管理活动做出相应调整，即调节。这4个任务交替出现，共同作用，使规范管理活动处于稳定的状态。在不断完成许多小的基本任务后而得以完成全过程规范管理。

2. 管理认知

管理认知是科研人员和管理人员对涉农专利管理规范的认知，认知与管理之间的行为就是具体化的感知过程，这些过程为管理控制提供外部输入并把内部信息输出到外部。管理认知有高层次的认知，也有低层次的认知，即便是对专利规范管理有一定认知的人员，同样需要持续的认知。

3. 操作流程

操作流程是管理人员与科研人员交互的过程。这个过程包括通用过程，也包括相关的控制流程，他们可能会嵌入在不同的管理活动中，从而不断对管理活动产生影响。

三、涉农专利规范管理元认知行为建模

涉农专利规范管理元认知行为建模的目标是对 TMP 进行更细化的描述，以便能够处理尽可能多的管理任务。规范管理元认知行为模型必须是一个产生规则的执行系统，同时能够处理外部输入并产生输出，在特定约束下管理控制、监测和决策等任务。针对“方针、策划、实施与运行、检查与纠正措施、管理评审”等管理要素，将专利管理规范环节和措施进行固化。这些环节和措施是规范管理活动的重要组成部分，它贯穿于科研立项、项目实施与验收、成果转化运用全过程，包括了专利的创造、运用、保护全部内容。围绕这些重点环节并结合科研发展目标，确定专利规范管理活动的目标和实现步骤，进行科学谋划，可以有效促进专利能力的提升。

如图 3-2 所示，在涉农科研组织，规范管理元认知行为模型的系统框架设计分为 6 个方面：管理体系、基础管理、项目管理、运用与保护、资源保障、评价和改进。该模式体现了持续改进，这 6 个方面的有效整合形成了整个专利规范管理活动，其中资源保障是科研组织实现专利管理目标的必要条件，包括条件保障和财务保障，评价与改进则是为确保科研组织的专利管理体系的符合性并持续改进其有效性的重要环节。

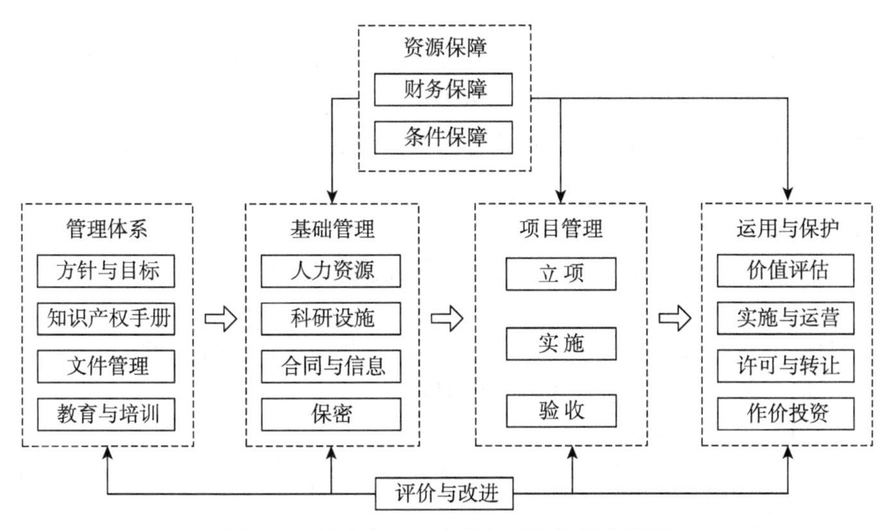

图 3-2　涉农专利规范管理元认知行为模型

1. 管理体系方面

需要确立专利管理目标和方针，指导科研组织依据法律法规，基于科研组织的使命定位和发展战略制定专利管理目标并予以实施。科研组织专利管理的目标是促进科技创新，形成高质量的专利并实现专利资产增值。

2. 基础管理方面

需要强化人力资源管理，要求新入职的员工签署专利声明文件，对离职、退休的员工进行相应的专利事项提醒，学生因毕业等原因离开单位时，要求其签署专利协议等。对所采购的实验用品、软件、耗材进行专利审查，对外租借仪器设备时，在租借合同中约定专利事务，对合同中专利条款进行审查，约定专利权属、保密等内容。

3. 项目管理方面

要求科研团队在项目立项阶段，分析该项目所属领域的发展现状、竞争态势和专利保护状况，根据分析结果，优化项目研发方向，确定专利策略；在项目实施阶段，跟踪项目实施情况和同期国内外相关研发进展与专利保护情况，进行专利策划，建议项目负责适时形成专利，并针对技术空白点进行专利挖掘，形成有效的专利布局；在项目验收阶段，重点对项目实施期间专利创造的情况，建议应采取的专利保护形式和专利转移转化策略等，同时提供研发与产业合作方面的管理和技术转移服务。

4. 运用和保护方面

需要明确专利实施和运营、许可和转让、作价投资中的运营主体、权利人和发明的收益关系。有条件的科研组织可以组建专利评审专家库，专家库成员由技术专家、经济专家、法律专家共同组成，其中技术专家来自科研组织、经济专家来自行业内优势企业，法律专家来自专利事务所或专利局。每件专利可以由 2 位技术专家、2 位经济专家、1 位法律专家共同完成价值评估，为专利进一步转化应用、提升运营效益提供了依据。

5. 资源保障方面

需要设立经常性预算费用，包括专利申请、登记、维持费用，专利检索、分析、评估费用，专利激励和培训费用。

6. 评价和改进方面

需要建立检查、监督和持续改进的机制，确保专利管理体系的适宜性、有效性和持续性。

涉农专利规范管理元认知行为模型，可以对涉农科研组织专利全链条活动进行协调和控制，同时对科研组织、科研人员、管理人员等多主体之间责任和权利进行协调和平衡，该模型是解决涉农专利创造、运用、保护、管理、服务全链条不通畅、成果转化难、科技与经济脱节难题的有益尝试，对提升涉农科研组织专利创造、运用、保护、管理能力具有一定的借鉴意义。

第六节 国家农业科研机构专利竞争力测度

国内学者张伟波在2005年首次定义了“专利竞争力”的概念，提出专利竞争力是利用专利规则控制创新技术未来市场的能力，它既表明专利权人在某一时间段上所创造的专利成果，同时又表现为在更长一段时间里所能发挥的潜力。

涉农科研机构专利竞争力是指涉农科研机构利用专利这种特殊资源持续获取竞争优势的能力。

国家农业科研机构作为农业科研国家队，代表了我国农业科研的最高水平。长期以来，国家农业科研机构面向农业科技前沿、面向国家重大需求、面向现代农业建设主战场，取得一大批推动行业进步的重大原创成果，是专利产出的重要主体。在农业发展转型升级的关键时期，迫切需要全面、客观了解国家农业科研机构的专利活动与产出情况，透过专利衡量各科研机构的研发实力和创新水平，聚焦技术研发优势，在更高层次、更高水平上引领农业科技创新，为提升我国农业科技水平和国际竞争力提供重要支撑。

一、指标体系构建

指标设定是构建评价模型的基础。真实性、科学性、可获得性、可操作性是指标设定的标准。各指标对影响专利竞争力所起的作用是不同的，如果凭主观因素进行评价，可能导致评价结果大大偏离真实值，因此，所有数据从专利文献中抽取，力求使指标体系在数据信度和效度上能够做到平衡，以实现专利数据资源的最大化。

综合现有研究基础，主要从显性竞争力和隐性竞争力2个维度，对专利竞争力进行测度。显性竞争力以专利质量和数量为重，隐性竞争力以创新潜力和专利增长为重，具体设定一级指标2个，二级指标11个，包括专利数、同族数、权利要求数、引证数、被引数，IPC分类号数、成长强度、生命强度、合作强度、活力强度、保护强度，其中专利数为法律状态为有效且已授权的发明专利的数量，若专利未授权，则专利有被认为无效的可能，数据的有效性得不到保证；若专利已失效，对诸多指标进行评判就没有任何意义。指标说明见表 3-1。

表 3-1 专利竞争力评价指标说明

一级指标	二级指标	指标定义	测度内容
显性竞争力	专利数	有效授权发明专利的数量	整体研发实力
	同族数	所有专利的均值	专利布局范围和稳定性
	权利要求数	所有专利的均值	专利保护宽度和可规避性
	引证数	所有专利的均值	技术成熟度
	被引数	所有专利的均值	技术先进性
	IPC 分类号数	所有专利的均值	技术覆盖范围
隐性竞争力	成长强度	专利数年均增长率	专利增长态势
	生命强度	专利平均理论生存时间	专利法律价值
	合作强度	合作专利数与专利数的比值	协同创新能力
	活力强度	十大发明人专利数均值	科研活力
	保护强度	1 - 专利失效数/（有效数+失效数）	科研产出有效性

二、研究对象与数据来源

研究对象为中国农业科学院院属 40 家研究所。中国农业科学院是中央级综合性农业科研机构，科研实力在国内遥遥领先。各研究所由于研究领域互有不同，因此并不是每家研究所科研产出都包含专利或专利数较多，剔除近 10 年来有效授权发明专利数在 10 件以下的研究所 12 家，将专利数大于 10 件的 28 家研究所确定为研究对象。由于表格内容篇幅所限，研究所名称全部采用简称。

数据来源于国家专利局专利检索与分析平台、江苏省专利信息检索分析云平台，以这些研究所的全称作为专利权人进行检索，检索近 10 年即公开日为 2006 年 1 月 1 日至 2016 年 12 月 31 日内授权的有效发明专利，各指标的原始统计数据如表 3-2 所示。

表 3-2　专利竞争力各指标原始数据

单位简称	专利数	同族数	权利要求数	引证数	被引数	IPC 分类号数	成长强度	生命强度	合作强度	活力强度	保护强度
作科所	220	2.00	6.49	4.42	0.72	4.85	0.43	15.89	0.11	21.70	0.78
植保所	248	2.02	5.33	4.99	1.06	3.44	0.44	15.61	0.16	26.60	0.76
蔬菜花卉所	58	2.07	5.67	4.81	1.03	2.81	0.34	15.42	0.05	11.70	0.67
环发所	73	2.01	6.95	6.92	0.97	3.10	0.23	15.28	0.25	11.60	0.81
牧医所	98	2.07	5.44	4.41	0.62	2.72	0.42	15.63	0.13	12.70	0.78
蜜蜂所	42	2.00	5.57	5.12	1.60	3.12	0.51	14.38	0.21	11.30	0.79
饲料所	135	2.10	7.35	4.96	1.50	5.67	0.21	14.64	0.22	51.00	0.91
加工所	239	2.00	6.70	7.61	0.60	2.07	0.66	16.53	0.07	30.90	0.90
生物所	155	2.25	6.47	3.73	1.20	4.69	0.20	14.26	0.30	19.80	0.92
资划所	146	2.01	6.31	6.75	1.00	2.95	0.20	15.75	0.23	20.70	0.77
质标所	34	2.18	5.53	7.47	1.82	3.53	0.22	15.29	0.03	8.00	1.00
灌溉所	49	2.00	3.16	10.43	0.61	1.69	0.17	15.82	0.02	15.40	0.69
水稻所	118	2.06	3.89	6.99	0.59	2.95	0.38	16.08	0.14	19.70	0.66
棉花所	97	2.00	5.40	5.29	0.78	2.54	0.54	16.04	0.09	15.90	0.78
油料所	155	2.23	5.25	5.25	1.48	3.16	0.44	15.60	0.01	35.90	0.84

（续表）

单位简称	专利数	同族数	权利要求数	引证数	被引数	IPC分类号数	成长强度	生命强度	合作强度	活力强度	保护强度
麻类所	23	2.56	5.33	10.61	1.94	3.06	0.38	14.74	0.09	5.80	0.92
果树所	8	2.00	2.38	9.75	0.50	1.25	0.26	16.13	0.50	3.40	0.80
郑果所	6	2.00	3.17	8.50	1.00	2.17	0.05	16.17	0.00	2.20	0.60
茶叶所	74	2.00	4.51	6.73	1.58	1.87	0.24	15.44	0.07	18.80	0.83
哈兽研	148	2.05	5.51	3.37	1.18	5.29	0.27	14.71	0.16	17.00	0.76
兰兽医	133	2.16	4.05	4.26	1.03	3.74	0.52	15.19	0.05	19.00	0.85
兰牧药	103	2.01	3.77	5.53	0.40	3.07	0.53	16.58	0.04	18.50	0.78
上兽医	44	2.39	6.73	3.68	0.59	5.00	0.35	15.27	0.05	8.90	0.69
草原所	18	2.00	4.94	8.28	1.28	2.50	0.20	15.11	0.06	6.80	0.82
特产所	26	1.92	4.04	6.54	0.04	2.27	0.25	17.62	0.19	5.50	0.87
沼气所	35	1.97	4.54	8.40	0.66	2.80	0.06	16.12	0.09	7.10	0.92
南农机	136	2.10	5.49	10.50	0.51	1.82	0.36	15.65	0.10	23.60	0.93
烟草所	52	1.92	3.71	8.19	0.35	2.96	0.31	16.85	0.44	8.90	0.72
均值	95.46	2.07	5.13	6.55	0.95	3.11	0.33	15.63	0.14	16.37	0.79

注：单位全称见附表。

三、研究方法

用于专利竞争力测度的方法有多种选择，但无论哪种选择均应遵循针对性、经济性、正确性、精确性、可行性的原则。研究对象主要是指中国农业科学院院属科研院所，目前收集的中国农业科学院院属研究所共40家，样本数量并不多，因此对样本数量有最低要求的分析法显然不适用。经对相关的评价与测度研究方法综合比较分析，引入可信度和精确度均较好的熵值法对国家农业科研机构专利竞争力进行测度研究。

熵值法最大的特点是没有引入决策者的主观判断，而是直接利用决策矩阵所给出的信息计算权重，得出的指标权重值比主观赋权法具有较高的可信度和精确度。在信息论中，熵是对不确定性的一种度量。信息量越大，不确定性越小，熵也越小；反之亦然。国家农业科研机构专利竞争力是诸多因子制约的一个有机体，每个因子有各自的变化规律，各因子相互联系、相互制约，共同决定专利竞争力这个有机体的运行和变化。因而，可以借助熵值法来判断各主因子的离散程度，因子的离散程度越大，该因子对专利竞争力变化的影响就越大。熵值法的计算步骤如下。

假设多因素决策矩阵如下：

$$M = \begin{matrix} A_1 \\ A_2 \\ \vdots \\ A_n \end{matrix} \begin{bmatrix} X_{11} & X_{12} & \cdots & X_{1n} \\ X_{21} & X_{22} & \cdots & X_{2n} \\ \vdots & \vdots & \ddots & \vdots \\ X_{m1} & X_{m2} & \cdots & X_{mn} \end{bmatrix} \quad 式（3-1）$$

则用：

$$P_{ij} = \frac{X_{ij}}{\sum_{i=1}^{m} X_{ij}} \quad 式（3-2）$$

表示第 j 个因素下第 i 个方案 A_i 的贡献度。

用 E_j 表示所有方案对因素 X_j 的贡献总量：

$$E_j = -K\sum_{i=1}^{m} P_{ij}\ln(P_{ij}) \quad 式（3-3）$$

其中，常数 $K=1/\ln(m)$，$0\leqslant E_j\leqslant 1$，当某个因素下各方案的贡献度趋于一致时，$E_j$ 趋于1；当全相等时，可以不考虑该目标的因素在决策中的作用。由此可看出因素值由所有方案差异大小来决定权系数的大小。为此可定义 d_j 为第 j 属性下各方案贡献度的一致性程度。

$$d_j = 1 - E_j \qquad 式（3-4）$$

各因素 W_j 权重如下：

$$W_j = \frac{d_j}{\sum_{j=1}^{n} d_j} \qquad 式（3-5）$$

则第 i 个方案专利竞争力指数为：

$$S_i = \sum_{j=1}^{n} X_{ij} W_j \qquad 式（3-6）$$

四、权重与模型确立

根据式（3-2）计算出每个研究对象 11 指标的 P 值。

由于研究对象数为 28，则 $K=1/\ln(28) \approx 0.3$，根据式（3-3）和式（3-4）分别计算出每个研究对象的 E 值和 d 值，见表 3-3 第 2～3 列。根据式（3-5）计算得出各指标权重，即 W 值，见表 3-3 最后一列。

表 3-3　指标权重计算结果

指标	E	d	W
专利数	0.922	0.078	0.263
同族数	0.999	0.001	0.003
权利要求数	0.990	0.010	0.032
引证数	0.984	0.016	0.055
被引数	0.961	0.039	0.132
IPC 分类号数	0.982	0.018	0.062
成长强度	0.967	0.033	0.112
生命强度	0.999	0.001	0.002
合作强度	0.988	0.012	0.039
活力强度	0.943	0.057	0.194
保护强度	0.969	0.031	0.106

根据计算结果，将专利竞争力 S 测度模型确立如下。

S=0.263 专利数+0.003 同族数+0.032 权利要求数+0.055 引证数+0.132 被引数+ 0.062IPC 分类号数+0.112 成长强度+0.002 生命强度+0.039 合作强度+0.194 活力强度+0.172 保护强度。

若定义 $S=S_{显性}+S_{隐性}$，则：

$S_{显性}$=0. 263 专利数+0. 003 同族数+0. 032 权利要求数+0. 055 引证数+0. 132 被引数+ 0. 062IPC 分类号数

$S_{隐性}$=0. 112 成长强度+0. 002 生命强度+0. 039 合作强度+0. 194 活力强度+0. 172 保护强度

有一个现象值得注意，即从统计数据来看，各个维度数据的分布范围较为宽泛，如果直接用指标原始数据乘以权重 W 值，则 S 值会被分布范围较大或较小的数据所影响，导致 S 结果出现偏差，因此需要对所有指标原始数据进行归一化处理，为便于分析，用处理后的数据乘以 100 后再乘以 W 值得出 S 值，根据 S 值，按分值高低对各研究对象进行排序，见表 3-4。

表 3-4 专利竞争力得分与排序

排序	研究对象	$S_{显性}$	$S_{隐性}$	S
1	饲料所	2. 80	3. 10	5. 90
2	加工所	3. 19	2. 63	5. 82
3	植保所	3. 49	2. 18	5. 67
4	油料所	2. 77	2. 47	5. 24
5	作科所	3. 16	1. 93	5. 08
6	生物所	2. 72	1. 86	4. 58
7	兰兽医	2. 32	1. 90	4. 22
8	资划所	2. 50	1. 72	4. 22
9	哈兽研	2. 66	1. 56	4. 21
10	南农机	2. 17	2. 00	4. 17
11	水稻所	1. 97	1. 74	3. 71
12	棉花所	1. 81	1. 79	3. 61
13	兰牧药	1. 69	1. 84	3. 53
14	茶叶所	1. 96	1. 56	3. 52
15	蜜蜂所	1. 71	1. 70	3. 41
16	牧医所	1. 73	1. 56	3. 29
17	环发所	1. 79	1. 41	3. 21
18	麻类所	1. 85	1. 25	3. 10
19	质标所	1. 85	1. 12	2. 97
20	蔬菜花卉所	1. 57	1. 28	2. 84

（续表）

排序	研究对象	$S_{显性}$	$S_{隐性}$	S
21	烟草所	1.23	1.50	2.73
22	上兽医	1.36	1.17	2.53
23	灌溉所	1.30	1.21	2.51
24	草原所	1.36	0.98	2.33
25	沼气所	1.23	0.92	2.15
26	果树所	0.77	1.35	2.12
27	特产所	0.73	1.17	1.90
28	郑果所	1.04	0.44	1.48
	均值	195	1.62	3.57

五、结果分析

1. 指标分析

从显性竞争力和隐性竞争力两个维度看，显性竞争力权重为 0.547，隐性竞争力权重为 0.453，具体各指标分析如下。

专利数指标对模型影响度最大，有效授权发明专利的数量能较好地揭示研究对象的发明创造能力，其值每增加 1 个单位，专利竞争力得分会相应增加 0.263。从表 3-2 可看出，专利数均值达 95.46 件，表明各研究对象专利获取能力佳，整体研发实力较强。

活力强度和被引数权重分别为 0.194 和 0.132，对模型影响度也较大。从活力强度来看，十大发明人人均专利数越多，表明核心团队发明创造的积极性越高，研究对象的创新活力和竞争力越强；从被引数来看，专利被引情况是反映专利权人专利质量高低的一个重要依据，通常认为专利质量越高，专利被引频次就越多，被引数高的专利一般是领域内核心专利，具有高度技术影响力，且不可跨越或绕过，往往对后续相关技术的发展起到重大作用，被引数每增加 1 个单位，专利竞争力得分可增加 0.132。从各研究对象被引数均值来看，仅为 0.95，也就是说每件专利的被引次数平均还不到 1 次，偏低，表明国家农业科研组织专利技术影响力尚待提升。

成长强度和保护强度对模型的影响度也不小。从成长强度来看，若专利数年均增长率高，表明研究对象在近十年内专利数量平均每年增长的速度较快，增长态势良好，成长强度每增加 1 个单位，专利竞争力得分可增加

0.112。从表 3-2 可见，成长强度均值达 0.33，表明研究对象创新速度潜力较强，未来有持续获取专利的能力。从保护强度看，对于一项专利而言，按时缴纳专利年费是维持专利法定有效期的必要手续，研究对象专利失效的原因主要是由于没有按时缴纳年费，是否缴纳年费一般由课题负责人基于专利质量的考量来决定，若判断专利质量较低则放弃缴纳年费，专利因此失效，从保护强度大致能看出研究对象科研产出的有效性和价值。从表 3-2 可见，保护强度均值为 0.79，也就是说，在授权的发明专利中，近 1/5 的专利已失效，没有继续维持的价值，数值不算低，研究对象专利产出的质量和有效性总体尚可。

权利要求数、IPC 分类号数、引证数、合作强度对模型的影响也不容忽视。权利要求是专利的核心，是确定专利保护范围和可规避性的最直接要素，权利要求数量越多越能从不同角度如产品、方法或用途进行充分保护，权利要求数每增加 1 个单位，专利竞争力得分可增加 0.032；当一件专利具有若干个 IPC 分类号时，意味着该专利涉及多个不同类型的技术主题，技术融合度较高，适应范围较广，IPC 分类号每增加 1 个单位，专利得分可增加 0.062；若一件专利的申请文本中，引证数较多则说明该专利对现有国内外先进技术进行了较为充分的分析和挖掘，在技术空白点甄别上敏锐度较高，引证数每增加 1 个单位，可提高专利得分 0.055；从合作强度看，合作强度每增加 1 个单位，可提高专利得分 0.039，进一步分析标该指标发现，其均值仅为 0.14，也就是说研究对象合作专利数占比尚不足 15%，表明研究对象产学研合作网络尚未构建成熟，产学研合作能力尚需强化。

同族数和生命强度对模型影响很小，权重值分别仅为 0.003 和 0.002，同族数涉及专利的布局情况，反映其稳定性，生命强度涉及专利的寿命，反映专利的潜在垄断时间，这两个指标本应对模型有一定的影响，但分析后发现两个指标的权重均非常小，从表 3-1 观测值可以看出，两个指标的观测值整体波动性不大，由此可能导致对模型影响程度较小。若不同研究对象间的观测值差异较大，则该指标有可能对模型影响程度会变大。

2. 专利竞争力分析

如表 3-4 所示，28 家国家农业科研组织专利竞争力表现差异较大，最高分是最低分的 3.98 倍，根据竞争力得分，可将国家农业科研机构分为 4 个梯队。

（1）第 1 梯队。生物所到饲料所 6 家研究机构，专利竞争力得分介于 4.58~5.90，属于第 1 梯队，该梯队在专利显性竞争力和隐性竞争力两个维度的表现都非常出色，有绝对优势。饲料所的专利竞争力得分为 5. 90，排名第 1。这源于饲料所主要指标的表现优异，特别是权重较高的被引数和活力强度指标的出色表现。加工所和植保所的专利得分分别为 5. 82 和 5. 67，分列第 2 和第 3，仅次于饲料所，两个所的多项指标表现也非常不错，尤以权重值最高的专利数指标表现最为优异。虽然三家研究所专利竞争力表现优异，但也存在个别短板，例如饲料研究所的成长强度指标、加工所的被引数指标、植保研究所的引证数指标均低于均值，特别是饲料研究所近 5 年专利年均增长率为-0. 103%，专利授权量已停止增长，未来该所需提高专利持续获取的能力。

（2）第 2 梯队。棉花研究所到兰州兽医研究所 6 家科研机构专利得分介于 3. 61～4. 22，略高于平均水平，属于第二梯队。这批研究机构各指标的表现总体不错，但是非常不均衡，有指标远高于均值，也有指标值远低于均值，导致总体得分优势不大，比如哈尔滨兽医研所的引证数指标明显低于均值，而 IPC 分类号指标又显著高于均值，同处该梯队的农业农村部南京农机化研究所，这两个指标的表现正好完全相反，引证数指标表现出色，而 IPC 分类号指标却表现不佳。因此，该梯队的研究机构应针对自己的弱项有针对性地补足短板。

（3）第 3 梯队。蔬菜花卉研究所到兰州畜牧药品研究所 8 家科研机构专利得分介于 2. 84～3. 53，略低于平均水平，属于第 3 梯队。这些研究机构各指标的表现总体不佳，诸多指标未达平均水平，甚至有部分指标远低于平均水平，导致综合得分较低。该梯队除兰牧药外的其他 7 家研究机构，在显性竞争力方面的表现要明显优于隐性竞争力，隐性竞争力的表现则整体趋弱，因此该梯队的科研机构有必要在隐性竞争力提升方面进行整体强化。

（4）第 4 梯队。郑州果树研究所到烟草研究所 8 家科研机构专利竞争力得分介于 1. 48～2. 73，低于均值，属于第 4 梯队，这些研究机构各指标表现普遍较差，远低于平均水平，甚至有指标值为 0，同时该梯队在显性和隐性竞争力方面表现也非常不均衡，例如郑州果树研究所在专利隐性竞争力得分仅为显性竞争力的 42. 2%，而果树所的专利隐性竞争力方面表现比显性竞争力还要弱，得分仅为显性竞争力的 57. 1%。虽然该梯队专利竞争力整体表现不佳，但每家研究机构均有个别指标表现良好，例如灌溉研究所的引证数指标、烟草研究所的合作强度指标、上海兽医研究所的权利要求数指标、特产研究所的生命强度指标均表现优良。因此，这一梯队的研究机构应根据自身特点，有重点、分步骤全面提升专利竞争力。

六、结语

评价国家农业科研机构专利竞争力，不仅要考虑专利的显性竞争力，还需要考虑其隐性竞争力，单看任何一个维度，都有失偏颇。本研究据此设计了 11 个二级指标，采用可信度较高的熵值法构建专利竞争力测度模型，对 28 家国家农业科研机构专利竞争力进行测度研究。结果发现，对专利竞争力影响最大的指标是专利数，其次是活力强度、被引数，同族数和生命强度指影响较小。各研究对象的专利竞争力表现差异较大，具体分为 4 个梯队，饲料所等 6 家科研机构专利竞争力遥遥领先，位居第一梯队，兰兽医等 6 家科研机构专利竞争力表现略高于平均水平，位居第二梯队，灌溉所等 8 家略低于平均水平，位居第三梯队，烟草所等 8 家得分较低，位列最末。总体来看，国家农业科研机构专利引领带动作用较强，但在核心专利创造、协同创新、科研产出效能提升方面有待进一步强化。

由于该模型基于专利文本，统计数据获得便利，避免了个人经验判断上的主观性和模糊性对评估结果的影响，信息的有效性、可靠性和真实性得以保证，因此提高了专利竞争力测度的效率、精确度和可操作性。模型的初步确立为涉农单位专利竞争力测度研究提供了更加客观的多维化视角。当然，模型也不可避免地会受到专利文本内容及量化数据所限，相关指标的科学性有待进一步完善和提高。在实践运用中，可根据比较内容的需要，与其他指标灵活组配，以提高可信度和精准度。

第四章　涉农专利挖掘与布局

对涉农单位在创新过程中的智力成果进行充分的挖掘并进行合理的、前瞻性的专利布局，是支撑我国农业发展转型升级、增强产业竞争优势的基础性工作。

专利挖掘和专利布局有着紧密的联系，两者互为表里，相互影响，相互促成。在制定专利布局战略时，涉农单位需要考虑自身的技术实力和专利挖掘能力；而在进行专利挖掘时，需要根据事前制定的专利布局战略把握专利挖掘的方向和重心，有时需要根据专利挖掘的实际结果，重新调整专利布局的规划。

第一节　涉农专利挖掘

一、涉农专利挖掘的概念

涉农专利挖掘是指在涉农技术研发或产品开发中，对所取得的技术成果从技术和法律层面进行剖析、整理、拆分和筛选，从而确定用以申请专利的技术创新点和技术方案。简言之，涉农专利挖掘就是从涉农创新成果中提炼出具有专利申请和保护价值的技术创新点和方案。

涉农专利挖掘工作要建立在对技术创新的把握基础之上，是对技术创新的后续工作，能够充分体现涉农单位的创新能力。经专利挖掘后形成的专利，则是涉农单位宝贵的无形资产。

二、涉农专利挖掘的方法

涉农专利挖掘始于对创新点的发掘、收集和加工。只要是可能出现创新点的环节，都是专利挖掘工作关注的对象，是专利挖掘工作的资源。下面6种方法基本涵盖了目前涉农专利挖掘实践中的所有情况，有利于涉农单位技术人员、专利工作人员针对不同类型专利挖掘方法的理解，并厘清不同情况下的专利挖掘方法的异同。

1. 基于创新点的涉农专利挖掘

围绕创新点的专利涉农挖掘主要是针对创新点的扩展延伸挖掘。

（1）以创新点本身扩展延伸。在挖掘实施过程中，主要针对具有实质性技术改进的创新点进行技术分析，从不同的扩展方向找出与该技术创新点有关联的技术因素。针对关联的技术因素，适当对其进行多技术维度的扩展延伸，找出可能存在的衍生创新点，并据此形成可能申请外围专利的技术方案。例如，从产品结构关联到方法、应用领域、制造设备、测试设备等。这种技术分析侧重横向扩展和纵向延伸，以达到梳理关联因素、把握技术维度、明确创新点的目的。

（2）沿创新点所处技术链扩展延伸。创新技术本身可能存在承接关系，即一种技术的获得和使用必须以另一种技术的获得和使用为前提，因此相关技术之间形成了一种链接关系，即为技术链。典型的技术链可以是某种技术的上下游技术。将基础创新点沿技术链的方向扩展延伸，既可以基于上下游技术之间的承接关系而保证基础创新点与衍生创新点之间的兼容性，又可以基于技术链的深度和广度而保证扩展延伸的全面性和充分性。

2. 基于研发项目的涉农专利挖掘

基于研发项目的涉农专利挖掘要注意以下 2 点。

（1）要以技术分析为基础。由于涉农单位研发项目具有复杂性的特点，因此针对基于研发项目的专利挖掘，首先要从技术研发项目本身出发进行技术分析，即按照研发项目需要达到的技术效果或技术架构进行逐级拆分，直至每个技术点。这种拆分侧重分解和细化，以达到梳理技术分支、把握技术要素的目的。

（2）要贯穿研发项目始终。由于涉农单位研发项目具有系统性的特点，因此在其所涉及的每一个环节、每一个阶段、每一个方面都应该是专利挖掘应当关注的重点。

3. 围绕技术标准的涉农专利挖掘

涉农专利与技术标准之间是可以互相转化的。围绕技术标准进行的专利挖掘主要是为了实现标准专利化，即技术标准走向专利转化。具体的挖掘思路有以下 2 点。

（1）填补技术空白点。针对标准中的技术空白点，即那些可能涉及专利，却在标准中没有提到的那些方面，结合对相关技术标准的研究，确定能够满足需求的创新点，形成专利申请，填补这些技术空白点。

（2）发展衍生专利。针对标准中已经明确规定的功能、安全等要求，构思如何能达到这些要求的技术方案，例如标准中规定了某种部件的功能要求，就衍生挖掘出一个实现这种功能的装置来申请专利；再例如标准中规定了某个装置应该达到某一个性能指标，就衍生挖掘一个对这个性能指标进行调节的方法或系统等。

4. 围绕技术改进的涉农专利挖掘

围绕技术改进的涉农专利挖掘主要是为了解决现有成果存在的技术问题、缺陷或者不足所进行的专利挖掘。在这种类型的专利挖掘过程中，首先，应当紧扣相关的技术问题和缺陷，开拓思维，从要素关系改变、要素替代、要素省略等方面充分进行发散思考和研究，找到解决技术问题的技术改进点，并进一步形成创新点，在此基础上形成可以申请专利的技术方案。

其次，还应当关注技术的发展，每当有新的技术出现，都应当想到是否可以应用到已知技术上，是否可以解决应用中出现的问题，从而挖掘出更多的创新点。尤其对于决定技术发展走向的共性技术、关键技术的创新，应当成为专利挖掘的重点。

5. 围绕产业链上下游的涉农专利挖掘

涉农单位可以结合所在的产业位置、技术特长对竞争对手的核心专利或其组合进行专利挖掘。

（1）上游方向的专利挖掘。一般来说，产业链的上游为整个产业的基础环节，掌握着更高的技术含量，下游产品的技术升级换代受制于上游原材料或初级产品的技术水平。如果涉农单位和竞争对手之间争夺的市场为中下游产品市场，涉农单位可以向上游拓展延伸，进入产业链的基础环节和技术研发环节，在上游原材料或初级产品方向进行专利挖掘，占据竞争制高点，如图 4-1 所示。

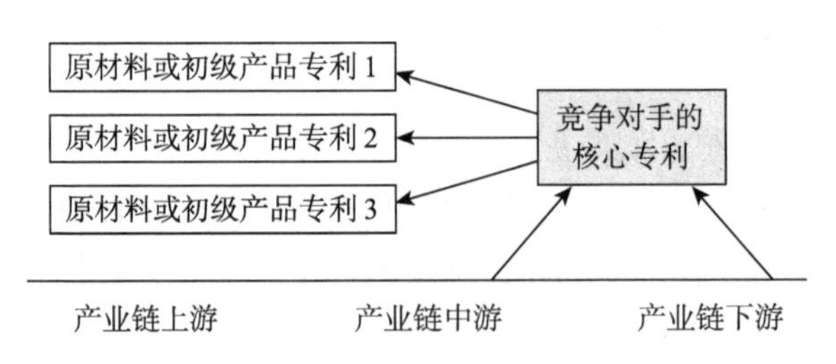

图 4-1　上游方向的专利挖掘

（2）下游方向的专利挖掘。对于竞争对手的核心专利涉及上游原材料产品的情形，涉农单位可以在该产品的下游各个应用方向挖掘专利，例如将原材料进行深加工和改性处理，转化为生产和生活中的实际产品，据此堵住上游产品的出口，最终同样能够在竞争中获利，如图 4-2 所示。

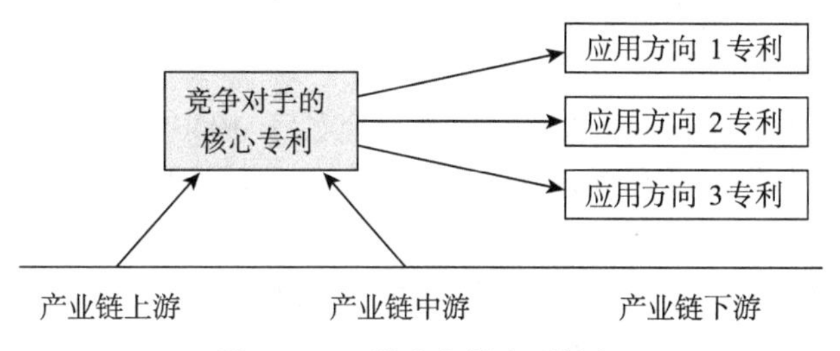

图 4-2　下游方向的专利挖掘

6. 针对规避设计的涉农专利挖掘

针对规避设计进行涉农专利挖掘的首要步骤是明确规避目的、确定规避主题，在此前提下进行针对性的专利检索和技术分析，提出差异性的设计方案，经过方案评估，最终得到规避设计方案和相应的专利申请。

专利规避设计的出发点是在法律层面上绕开已有专利权的保护范围，其核心在于以技术方案的差异化设计避免潜在的法律风险，规避设计不仅是预防和应对专利侵权的重要手段，也是一种行之有效的研发手段以及专利挖掘的重要途径。

专利规避设计可遵循“简化”和“替代”这两项基本原则。简化原则是对在先专利的技术方案构成要件进行删减，使得改型方案缺少其中一个或多个构件要件以避免专利侵权；替代原则是通过改变在先方案中的一个或多个构成要件，使得改型方案中一个或多个技术特征与在先专利的技术特征不相同也不等同，从而避免专利侵权。

农业各细分领域的专利规避设计，因其技术构成要素不同，规避的侧重点也有所不同。针对农业机械或渔业机械的规避设计，通常从零部件（例如，功能近似的不同元件、削减元件相应减少功能……）、组装方式（固定式/可拆卸式组装……）、连接关系（直接连接/间接连接……）、控制方法（控制条件、操作步骤）这几个构成要件来考虑。

而农药、化肥及兽药领域的产品通常为特定组分的组合物或者化合物，其技术方案的构成要件包括产品的组成成分、组分之间的配比，以及产品在通常状态下所呈现出的固态、液态或者气态的形态，规避设计通常会考虑组分及其配比的不同，同时，也尝试采用不同的产品形态，考虑不同的制备工艺。

三、TRIZ 理论（发明问题解决理论）

在专利挖掘过程中，有效运用 TRIZ 理论可以起到事半功倍的效果。

1. TRIZ 理论简介

TRIZ 代表发明问题解决理论。其研究始于 1946 年，由苏联 Altshuller 展开。他和同事分析了数百万件专利以分析技术创新的类型。他们指出了创新过程中的缺陷，并对“产生有价值的发明”这一变化的类型进行了研究与分类。TRIZ 理论认为，在一些领域中，大约 95%的发明问题已经得到了解决。对于技术挖掘来说这是非常重要的，可以提供富有成效的类此信息。TRIZ 理论的强大作用正在于它为人们创造性地发现问题和解决问题提供了系统的理论和方法工具。

TRIZ 理论呈现了一种完全不同的专利分析形式。它利用某些发明原理，创造性地解决当前问题。TRIZ 理论认为，问题类型和解决方案是重复交叉的领域。它力图通过 39 种系统特征的相互作用来识别矛盾的本质，并利用一组“40 种问题—解决”原理来说明如何解决这些矛盾（例如，一个对象的状态变换、分裂、自我服务等）。这些都是通过广泛地分析专利而得到的。以候选的方式消除矛盾并加以评估，看看是否可以提高功效和减少有害的功能。

在前苏联，TRIZ 方法一直被作为大学专业技术必修科目，已广泛应用于工程领域中。苏联解体后，大批 TRIZ 研究者移居美国等西方国家，TRIZ 流传于西方，受到极大重视，TRIZ 的研究与实践得以迅速普及和发展。西北欧、美国等地出现了以 TRIZ 为基础的研究、咨询机构和公司，一些大学将 TRIZ 列为工程设计方法学课程。经过半个多世纪的发展，TRIZ 理论和方法已经发展成为一套解决新产品开发实际问题的成熟的理论和方法体系，实用性强并经过实践的检验，已总结出的 40 条发明创造原理在工业、建筑、微电子、化学、生物学、社会学、医疗、食品、商业、教育的应用案例，用于指导各领域遇到问题的解决。如今它已在全世界广泛应用，创造出成千上万项重大发明，为诸多知名企业如波音、通用、克莱斯勒、摩托罗拉等公司取得了重大的经济效益和社会效益。

2. TRIZ 理论的实践意义

TRIZ 理论以其良好的可操作性、系统性和实用性在全球的创新和创造学研究领域占据着独特的地位。在经历了理论创建与理论体系的内部集成后，TRIZ 理论正处于其自身的进一步完善与发展，以及与其他先进创新理论方法的集成阶段，尤其是已成为最有效的计算机辅助创新技术和创新问题求解的理论与方法基础。

TRIZ 作为技术问题或发明问题解决的一种强有力方法，并不是针对某个具体的机构、机械或过程，而是要建立解决问题的模型及指明问题解决对策的探索方向。TRIZ 的原理、算法也不局限于任何特定的应用领域。它是指导人们创造性解决问题并提供科学的方法、法则。

经过半个多世纪的发展，TRIZ 理论已经发展成为一套解决新产品开发实际问题的成熟的理论和方法体系，它实用性强，并经过实践检验，应用领域也从工程技术领域扩展到管理、社会等方面。TRIZ 理论在西方工业国家受到极大重视，TRIZ 的研究与实践得以迅速普及和发展。如今它已为众多知名企业取得了重大的效益。目前，TRIZ 理论广泛应用于工程技术领域，并已逐步向其他领域渗透和扩展。应用范围越来越广，由原来擅长的工程技术领域分别是向自然科学、社会科学、管理科学、生物科学等领域发展。

实践证明，运用 TRIZ 理论，可大大加快人们创造发明的进程，而且能得到高质量的创新产品。它能够帮助我们系统的分析问题情境，快速发现问题本质或者矛盾，它能够准确确定问题探索方向，帮助我们突破思维障碍，打破思维定式，以新的视觉分析问题，进行系统思维，根据技术进化规律预测未来发展趋势，帮助我们开发富有竞争力的新产品。

第二节　涉农专利布局

涉农专利布局是涉农单位实施专利战略的起点，而且贯穿整个专利战略实施的全过程。有的涉农单位需要围绕自身的核心技术布局严密的专利网，以提高竞争者的规避设计难度和研发成本，特别是对于颠覆传统的创新产品，更需要保护创新成果的领先优势，增加对手抄袭的难度。有的涉农单位需要通过围绕竞争对手业务有针对性地进行专利布局，掌握对竞争对手具有对抗作用或牵制作用的专利筹码，以在遭遇专利威胁时有足够的谈判和反击能力。有的涉农单位需要围绕市场准入或行业竞争的关键领域掌握行业核心专利，并最好能够纳入整个行业的技术标准中。

涉农专利布局涉及因素的复杂性，以及在各个阶段、各个技术点上的专利布局目标的差异性，决定了专利布局需要多方参与、综合调查、科学筹划、有序开展。

一、涉农专利布局的概念

涉农专利布局是指涉农单位综合产业、市场和法律等因素，对涉农专利进行有机结合，从与涉农单位利益相关的时间、地域、技术和产品等维度，构建严密高效的专利保护网，最终形成对涉农单位有利格局的专利组合。

二、涉农专利组合的概念

涉农专利组合是指为了发挥单个涉农专利不能或很难发挥的效应，而将相互联系又存在显著区别的多个涉农专利进行有效组合而形成的一个涉农专利集合体。

三、涉农专利组合构成

作为涉农专利布局的成果，涉农单位的专利组合应该具备一定的数量规模，保护层级分明、功效齐备，从而获得在特定领域的专利竞争优势。在涉农专利组合中，围绕技术之间的关联关系，一般可以包括如下5类专利。

1. 基础性专利

它指的是覆盖了创新技术成果的核心或基本方案的最主要技术特征，提供最大保护范围的专利，这些专利发挥了对该创新成果最基础、最重要的保护和控制作用。

2. 竞争性专利

它指的是围绕核心或基本方案，为解决同一技术问题，或为实现相同或相近的技术效果而采取的各种替代技术方案的专利，竞争性专利可对规避设计起到有效阻止作用。

3. 互补性专利

它指的是围绕核心或基本方案衍生出的各类改进型方案的专利，包括对技术本身的优化、改进方案等，在技术保护效果上可以与基础性专利互为补充。

4. 支撑性专利

它指的是对核心或基本方案的实施起到配套、支撑作用的相关技术的专利，例如相关的上下游技术的专利，通过支撑性专利可有效增加涉农单位对产业链的控制力和影响力。

5. 延伸性专利

它指的是核心或基本方案在向具体产业应用领域扩展时，所衍生出的各种变型方案，以及其与这些领域中的相关技术相结合时产生的配套实施方案。

在进入专利布局的微观阶段，无非是基于上述5种专利类型构建专利组合，不断补充、完善组合中的专利类别和数量。

四、涉农专利组合构建策略

1. 基于技术结构的组合

技术结构是任何一种涉农专利组合的基础要素结构。技术具有延续性、关联性和应用性等特点，因此，在构建专利组合的技术结构时，主要是从纵向结构、横向结构和枝蔓结构3个方面进行组合。

（1）纵向结构。涉农专利组合要围绕技术的延续、纵深发展形成纵向布局结构。一项技术的发展总是向其更优性能方向发展，例如成本的不断降低、使用性能的不断提升、功能的不断完备、环保安全性的不断提高、可靠性的不断提升等。当一项技术发展到一定程度时，对于成本和各种性能的追求又不断驱动着新的替代技术产生。

（2）横向结构。涉农专利组合要围绕不同技术之间的关联支撑关系形成横向布局结构。任何一项技术都不是孤立地发展，而是处于一个相关技术群中，技术与技术之间有着广泛的横向联系。一项技术的实现和发展需要相应的工艺、制造技术和材料技术的支持，相关技术的发展会推动主导技术的发展。

（3）枝蔓结构。涉农专利组合要围绕各种技术应用场景形成枝蔓布局结构。任何一项技术总是由已知领域向未知的应用领域渗透，不断地开发出技术的新用途，就如同一棵大树不断生长出新的枝蔓，枝蔓越多越茂盛，这棵树所覆盖的树荫面积也越大。

涉农专利布局需要及时跟进技术的改进和更迭，需要考虑横向支撑和关联技术的覆盖，需要围绕各种新的应用领域不断扩展、完善，因此，在涉农专利组合中要进行纵向结构、横向结构、枝蔓结构的多维度构建。

2. 基于产品结构的组合

一般而言，产品是技术的最终应用形态，也往往是技术的应用性和关联性的直接体现，产品的更新换代和技术的纵深发展之间也是相互促进、互为因果的关系。因此，涉农专利布局在考虑技术结构的同时，也必然需要考虑围绕产品结构进行布局。

所有产品都是由多个部件组成的，部件的创新会影响大系统的运行和创新。考虑到产品的技术复杂性和集成性的特点，从产品的设计、试验、制造、组装、使用的全链条来看，围绕产品结构的专利组合时要从整个产品的系统构成方面搭建层级结构。

例如，农业农村部南京农业机械研究所创新研发的油菜收获装备。在构建专利组合时，从基础部件与关键部件、整机、方法等方面进行了全方位的布局，具体布局情况如图 4-3 所示。

图 4-3　油菜收获装备

（1）基础部件与关键部件。

CN201811464654.4 一种油菜联合收割机竖割刀飞溅籽粒气吸式回收装置。

CN201811464747.7 一种带有气流回收装置的油菜联合收割机竖割刀。

CN201811159271.6 一种油菜联合收割机电驱双动式竖割刀系统。

CN201810442100.8 高效低损油菜割台分禾装置。

CN201710914913.8 一种仿形传动机构。

CN201710916680.5 一种油菜捡拾装置。

CN200920039145.7 油菜捡拾脱粒机齿带防跑偏装置。

CN200910027270.0 仿形调节杆装置。

CN201721277438.X 一种两段式捡拾器。

CN201010172156.X 油菜割晒机横向拨动机构。

（2）整机。

CN201620001320.3 折叠割刀割晒机。

CN201320782786.8 一种多功能联合收割机。

CN201310259732.8 一种伸缩链齿式油菜割晒机。

CN201010172174.8 油菜割晒机。

CN200810124343.3 油菜捡拾脱粒机。

CN200810124342.9 前悬挂油菜割晒机。

（3）方法。

CN201811465085.5 一种油菜联合收割机竖割刀飞溅籽粒气力回收系统试验台。

CN201310617668.6 一种多功能联合收割机及其使用方法。

3. 基于产业链的组合

一般来说，产业链的上游为整个产业的基础环节，掌握着更高的技术含量，下游产品的技术升级换代受制于上游原材料或初级产品的技术水平。涉农单位可以基于自身专利技术向上游拓展延伸，进入产业链的基础环节和技术研发环节，在上游原材料或初级产品方向进行专利挖掘，形成自身核心专利并与上游原材料或初级产品的专利进行组合，占据竞争制高点。此外，涉农单位还可以在该产品的下游各个应用方向挖掘专利，转化为生产和生活中的实际产品和应用专利。

4. 基于前瞻性的储备式专利组合

对于构建前瞻性的储备式专利组合而言，需要特别考虑2点。

（1）技术的应用领域和应用区域。对潜在的应用领域和应用区域预判正确了，专利组合的布局也就成功了一半。而对应用领域和应用区域的预判，即包含了应用区域本身，也包含了对应用领域内技术需求、功能需求、性能需求、形态需求、关联技术等的预判。在这些预判的基础上，对重要的应用领域和应用区域进行储备式专利组合布局，才有可能在未来构建有价值的专利组合。

（2）技术的全要素革新。从专利的具体内容来看，所谓储备，其实质是对各种潜在的技术形态或技术实现方式的储备。在储备式组合布局初期，往往是基于目前的技术状况和技术认识水平，设计并选择了专利中的关键特征和组合布局方式。但是，随着新技术的发展和对技术本身认识的深入，构成最初技术方案的一种或多种技术构成要素可能会出现了新的变化或更替，这些技术构成要素的变化，可能会给技术方案带来全新的面貌甚至导致新的应用场景的产生，因此，在储备式专利组合构建过程中，一定要根据各种技术构成要素革新所带来的变化适时调整布局的专利。

5. 基于竞争对手的专利组合

竞争的本质是与对手之间为了利益而进行的博弈，竞争对手是竞争的主体。按照竞争对手的重要程度可以划分为：主要竞争对手、次要竞争对手和潜在竞争对手。竞争对手不是固定的、僵化的、一成不变的，随着竞争环境的变化和竞争对手的发展，原来的次要竞争对手和潜在竞争对手有可能成为主要竞争对手，当然，也有可能原来的主要竞争对手转变为次要竞争对手。从另一个层面来看，涉农单位自身的发展能力和水平也随着竞争环境和市场的变化而变化，当涉农单位自身规模不断壮大，创新能力日益增强时，可能会面临新的竞争对手的挑战，或挑战新的竞争对手。因此，客规动态地跟踪和识别竞争对手，对于制订涉农单位竞争战略和专利组合策略至关重要。

对于构建针对竞争对手的专利组合而言，需要特别遵循如下原则。

一是以我为主，为我所用，要结合单位自身的发展阶段和能力水平量力而行，及时跟踪竞争对手的动向，动态优化专利布局策略。

二是聚焦重点，要在关键技术、关键产品、关键节点、关键区域上布局，这可能要比面面俱到、拉网式布局的效果要好。

三是先发制人，要抢先布局基础专利，尤其对于一些基础性、原创性技术，要加快申请专利，占得先机。

四是以运用为导向，不仅要考虑竞争对手已有的专利组合结构，更要预判其可能的布局发展方向，在专利运用的全链条上考虑单位自身的专利如何布局。

6. 基于技术标准的专利组合

专利与技术标准之间存在长期稳定的动态均衡关系，专利对技术标准有显著的促进作用，且存在滞后现象。涉农单位运用专利参与标准化工作的目标是尽可能将技术创新与标准研究相结合，以实现专利标准化和标准专利化。

就专利布局而言，主要是围绕标准专利化进行布局，具体策略如下。

（1）覆盖型专利布局。当标准的技术要素未规范具体技术方案时，可以采取覆盖型专利布局策略，设计或提出尽可能多的技术方案，这些技术方案足以覆盖技术标准技术要素相关的多种具体技术方案。

（2）市场需求引导型专利布局。当标准中规范有比较明确的方案，但该方案并非是实现该标准的唯一方案时，可以围绕可选的方案进行专利布局。

（3）包围式专利布局策略。当标准中规范有比较明确的方案且该方案是实现该标准的唯一方案时，可以围绕该方案布局标准必要专利；如果已存在标准必要专利，则要针对标准必要专利采取外围专利布局策略。

涉农专利国际布局是遵循涉农单位战略规划和商业目标，充分考虑各项因素，有计划地在海外部署专利的行为。

五、涉农专利国际布局需要考虑的因素

涉农专利国际布局的目的是保护创新、开拓和主导市场、提升竞争力和影响力。其实施应具有前瞻性、针对性和规划性，且与行业特点、单位整体发展战略和自身实力相匹配。一般来说，需要具体考虑技术、时间、地域等因素。

1. 技术因素

技术是涉农专利国际布局的核心要素，通常可遵循“由主而次，由点到面”的布局原则。要注重产业链布局，要沿着产业链追溯以扩大可能的侵权对象，如产品原料的获取及预处理工艺、产品应用及由此获得的产物等，如此可完善专利布局的立体结构，也为将来的业务延伸埋下伏笔。此外，要注重相关领域布局，包括技术特点相近的临近领域和实施发明所必然需要涉及的配套领域。

2. 时间因素

时间因素主要涉及申请时机、公开时机和专利维持时间。

（1）申请时机。全球主要市场在专利确权上都遵照先申请原则。但从涉农单位整体利益出发，并不是申请得越早越好。首先，应当重点考虑行业整体技术现状和国内外竞争对手的研发进度。当成果领先优势明显且对手短期无法做出同样的发明创造时，可暂缓申请。这样做，一方面可以防止过早地让对手获悉先进技术，从而缩短技术差距；另一方面也可延长技术的保护期限。其次，应当协调好基础发明和外围专利申请的同步性，避免申请基础专利后被对手抢先申请外围专利、反过来限制自己的风险。需要明确的是，在无法确定他人信息的情况下，提倡尽早申请。

（2）公开时机。部分地区/国家存在提前公开机制，借此可缩短获权周期。但对于储备性技术、改进性技术，或者外围专利暂未准备完全的基础专利申请，不建议提前公开。一则是出于保密目的，二则可为对后续完善和组合申报留下充足时间。

（3）专利维持时间。专利维持的目的在于使专利技术增值，如果不能转化为产品应用，不能通过各种运营方式转化，不能通过保护性的组合发挥专利作用，或者随着市场变化而失去相应功能，且不存在转让等运用可能的，则可以停止缴纳专利维持费用，避免其成为“负资产”。

3. 地域因素

涉农专利国际布局应当着眼于全球市场，充分利用专利地域性特点，增

加可对外进行交换的筹码。宜根据地域的市场功能进行相应布局，做到专利与产品相匹配，并基于利润预期调整布局强度。在对手市场，专利布局不仅可以为将来涉农单位入场铺路，积累专利资源，还可通过针对对手的对抗和限制性布局，为后续可能的专利纠纷提供应对筹码，即使在 A 市场处于专利劣势，也可以通过 B 市场的反制达到占有市场的目的。

六、涉农专利国际布局策略

在涉农专利国际布局之前，需要对内外因素有足够了解，确保实施具有前瞻性、针对性和规划性，以最大化实现商业价值。在谋划阶段，需要考虑的因素有以下 5 点。

1. 关注市场成熟度

区分目标市场是开拓型、竞争型还是垄断型，要根据竞争情况以及专利授权和保护环境的不同，在涉农专利国际布局中找准定位和目的。

2. 关注专利技术现状

涉农专利布局兼具技术和市场的双重属性，要通过专利分析了解相关行业、目标市场区域、国外主要竞争对手的专利布局信息，为开展专利国际布局提供重要决策依据。

3. 关注当地法律环境

要充分考虑目标地域的制度差异，因地制宜调整专利国际布局策略。当前，中欧美日韩等大多数市场都以司法保护为主，且基本都实行先申请制，但在法律实体和程序上有着各自特点，要根据各国所处市场的发展阶段，适时调整保护强度。

4. 关注自身资源

要使涉农专利布局强度与涉农单位实力相匹配，其中，人力资源是最关键的支撑要素。国内涉农单位大多不具备完整的知识产权人员配备，需要求助于专业机构，而机构水平有高低，技术领域和地域也各有侧重，因此涉农单位须事先做好调研，合理选择。资金是另一重要保障。在预算有限的情况下，涉农单位需要对布局节奏进行合理规划，确保重点项目的优先投入。同时，可充分利用国内资助政策和海外费用优惠政策，以提高资金的利用效率。

5. 关注专利获取途径

海外专利布局以获得目标市场专利的所有权、使用权或对抗筹码为最终表现形式，获得的形式有自主申请、收购、许可、加入专利池等多种方式，其中，自主申请是大多数国内涉农单位的首选，有直接向外国申请、《巴黎公约》《专利合作条约》（Patent Coopertation Treaty，PCT）三种途径。尽管周期较长，但所获专利能够最好地贴合涉农战略规划和商业目标，且成本相对较低。

第四节 其他国家和地区涉农专利申请指南

专利依法申请，依法审查，依法授权，所依据的法律是各个国家的专利相关法规。想在某国获得专利保护，则需符合该国法律的规定。

各个国家或地区的专利审查标准大致原则相同（新颖性、创造性和实用性），因此一份申请文件可以用于在多个国家提出申请，但由于各国在审查流程、判断标准等细节上略有不同，所以需要分别进行专利申请。

一、其他国家和地区涉农专利申请的途径

包括直接向外国申请、《巴黎公约》《专利合作条约》3 种途径。

1. 直接向外国申请

《中华人民共和国专利法》第 19 条第 1 款规定，任何单位或者个人将在中国完成的发明或者实用新型向外国申请专利的，应当事先报经专利行政部门进行保密审查。保密审查的程序、期限等按照国务院的规定执行。《中华人民共和国专利法》第 19 条第 4 款规定，对违反第一款规定向外国申请专利的发明或者实用新型，在中国申请专利的，不授予专利权。

在中国境内完成的发明创造如需直接在外国申请专利，应当先向中国专利局提交保密审查请求，在收到专利局“不予保密”的决定后，再向外国申请专利。

2. 《巴黎公约》

先在中国提交一份专利申请，再以此中国专利申请为优先权基础，在该申请的申请日（即优先权日）起 12 个月内向外国申请专利。

注意：通过巴黎公约去国外申请的，不论作为优先权的在先申请是否公布，都需对在先申请请求保密审查，否则将影响中国专利申请的授权。保密审查的时间为 1~2 周，在收到专利局保密审查合格的决定后，再向外国申请专利。

申请之前的工作：申请文件的翻译、准备优先权证明材料等。

巴黎公约缔约国共有 177 个。

3.《专利合作条约》

根据《专利合作条约》（Patent Cooperation Treaty，简称 PCT），缔约国的申请人可以通过提交一件 PCT 申请在其他缔约国寻求对其发明的保护：使用一种语言向一个受理局提交，多个国家承认其申请效力，可用于延长各国家申请程序的办理时限。提交 PCT 申请的，视为同时提出了保密审查请求。

申请之前的工作：中国专利局作为 PCT 受理局，接收中文和英文申请材料，即申请人可以中国在先申请文本为基础直接向中国专利局提交 PCT 申请，另需预先考虑拟申请专利的国家，PCT 缔约国目前共有 152 个，建议提前明确拟申请专利的国家是否属于 PCT 缔约国。

二、申请 PCT 的意义

PCT 申请适用于以下 3 种情况。

一是申请专利的国家较多（一般为 3 个以上）。

二是优先权期限（12 个月）即将到期。

三是预判申请专利在他国的授权前景。

申请 PCT 的意义在于提供一个确认专利申请日的国际程序，各缔约国均承认此申请日为该专利申请在本国的申请日，并给予申请人在较长时限（一般 30 个月）内办理外国专利申请手续。

三、申请 PCT 的流程

1. 国际阶段程序

（1）提交一份 PCT 申请，如已有中国申请，则在此申请的申请日（即优先权日）起 12 个月内，提出 PCT 申请。

（2）提出 PCT 申请后 1 个月内缴纳申请费等。

（3）优先权日起 16 个月内，国际检索单位（中国专利局）完成国际检索报告即书面意见，并发送给申请人。

（4）优先权日起满 18 个月，国际局对该 PCT 申请的申请文本、国际检索报告及书面意见进行公布。

（5）根据国际检索报告和书面意见，如果想对申请文件进行修改（仅限权利要求），可以选择国际初步审查程序（需另外缴纳审查费）。由于国际检索报告和书面意见并不是决定性意见，同时各个国家对专利审查的具体要求不同，因此一般不需采取此步骤，而是直接进入具体国家后，根据该国专利法要求进行对应修改。

2. 国家阶段程序

进入国家阶段的程序不是自动发生的，必须由申请人来启动。申请人必须在自优先权日 30 个月（在某些国家可能是 31 个月）内办理进入国家阶段的手续，缴纳国家费用，递交翻译成该国语言的国际申请的译文，然后由各国专利局按其专利法规定对其进行审查，并决定是否授予专利权。

PCT 申请流程图如图 4-4 所示。

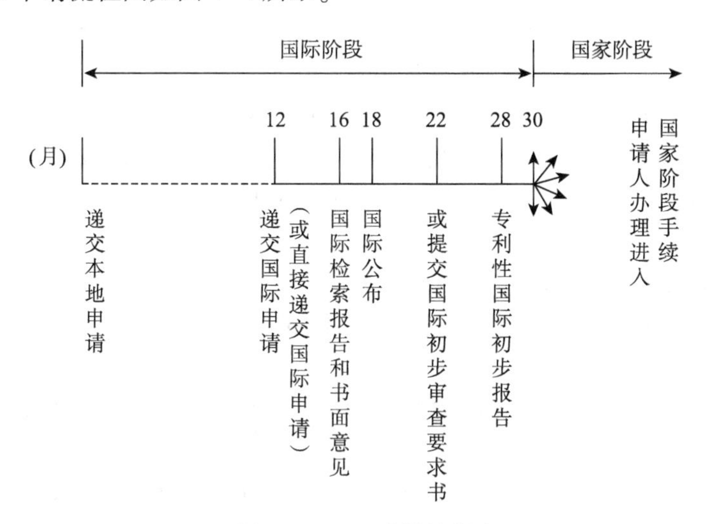

图 4-4 PCT 申请流程

四、中国申请人申请 PCT 的一般流程

1. 准备申请材料

（1）申请人中英文信息：名称、地址、邮编。

（2）发明人中英文信息：发明人名单、地址、邮编。

（3）申请文件（英文或中文）：包括权利要求书、说明书、附图和摘要。

（4）优先权文件：提供作为优先权的专利申请的申请号和申请日。

（5）其他证明材料，例如，若 PCT 的申请人与优先权的申请人不一致，需提供 PCT 的申请人有权要求在先专利申请优先权的证明（代理机构可提供证明模板）。

（6）委托书（如由代理机构代理 PCT 申请，则需提供代理委托书）。

注意事项如下。

① 中国申请人可直接以中文/英文文本向中国国家知识产权局提交 PCT 申请，不要求在 PCT 申请之前一定要先申请中国专利，如有先在中国申请，可以以中国在先申请为基础，在优先权日 12 个月内提出 PCT 申请。

② 申请文件应行文清楚，语言无歧义，为后续文件翻译质量提供保障。

③ 可以对在先申请进行修改，包括：原技术方案不变，部分语言描述的调整，明显错误的更正；删减或增加部分技术特征（需进行优先权是否适用的判断）；多个在先申请整合为一个申请方案（需进行优先权是否适用的判断）。

④ PCT 申请的发明人可以和优先权申请的不一致，PCT 审查部门及各国专利局不主动审查发明人资格。但在国家阶段，如美国，需要做发明人资格签字声明，为防止产生法律风险，建议谨慎考虑 PCT 申请中发明人的变更。

2. 提交申请，获得受理回执

提交 PCT 当天即可获得受理回执，得到 PCT 申请号。

3. 缴费

官费：申请费 1 330 瑞士法郎+检索费 2 100 元人民币+优先权费用 150 元人民币×项数。

申请文件超过 30 页产生 15 瑞士法郎/页的附加费，申请文件包括：请求书、申请文件、声明和委托书。

电子申请可减免申请费 200 瑞士法郎。

缴费期限为申请日起一个月，逾期将产生申请费 50%的滞纳金。

4. 国际阶段审查

国际申请提交后，中国专利局作为国际申请的国际检索单位，对国际申请进行检索，在优先权日起 16 个月内发出国际检索报告及书面意见。检索以 PCT 申请日（优先权日）为时间节点进行，检索报告将记载检索到的相关技术文件。书面意见结合检索报告对专利申请的可专利性进行评述，同时解释为什么审查员认为有或无专利性。

注意事项：国际检索报告及书面意见的结论可能影响在外国国家阶段的实质审查意见、是否能加快审查，以及是否能获得国内的政府涉外资助。

5. 国际公布

优先权日起满 18 个月，国际局对 PCT 申请进行公布，包括申请文件、国际检索报告及书面意见，以及在公布之前提交的文件，如变更、补正等。

国际公布的意义：可以公众查询，用于后续国家阶段办理加快审查程序。

注意事项如下。

（1）进入国家阶段并不需要等国际公布之后再进行。

（2）可请求提前公布（有国际检索报告及书面意见免费，无则需支付200瑞士法郎）。

6. 启动国家阶段

选择想要获得专利保护的国家：考虑市场、生产地、布局、费用、时间等。

办理进入国家阶段手续（至少预留1个月）。

（1）必须由外国当地专利事务所代理。

（2）申请文本——应当翻译为申请地要求的语言。

（3）签字文件——委托书、声明等（外国代理所提供表格）。

（4）可根据进入国家的专利类型进行选择：PCT申请是不分类型的，可在国家阶段选择是发明申请还是实用新型申请。

如果国际检索报告及书面意见结论为具有授权前景，或优先权的申请已经授权，可申请外国的加快审查。

注意事项如下。

① 文件翻译质量需注意，可能影响后续专利审查。

② 国家阶段应提早准备，各国专利局独立审查，审查程序、时间不同，审查内容要求不同，提早了解，避免无用功。

五、PCT申请的常见疑问

1. 申请的基本条件是什么？

（1）专利申请文本：中文/英文。可以有在先申请。在先申请要求优先权日起12个月内，或直接申请PCT：一是先提交PCT申请，再以PCT申请进入国家阶段；二是同一天提交PCT申请和中国申请。

（2）申请信息。中英文信息；如有在先申请，申请信息可以与在先申请的不同（建议说明信息不同的原因）。

2. 可以申请PCT的专利类型有哪些？

发明专利、实用新型专利。

3. 什么是申请日和优先权日？

申请日：提交的专利申请被受理局正式受理的时间，不管是否要求了优先权，提交一份申请文件都会有一个对应的申请日（实际提交申请的时间），申请日是专利保护期的起算日。

优先权日：作为优先权基础的在先申请的申请日，判断申请所记载技术方案的新颖性和创造性的时间节点。

4. PCT 申请之后多久能出结果？

参考时间：国际阶段（等待国际检索报告及书面意见）平均为 1 年，国家阶段平均为 2~4 年。

5. PCT 申请之后多久可以办理国家阶段的申请手续？

获得 PCT 申请号之后即可办理国家阶段的申请手续。

由于 PCT 申请会出具一个国际检索报告及书面意见，供申请人对申请的授权前景有一个预判，建议在获得国际检索报告及书面意见之后再走国家阶段程序。

同时出于简化办理国家阶段申请手续的目的，建议在国际公布之后再办理国家阶段的申请手续。

注意：在已经获得了国际检索报告及书面意见的情况下，可以请求提前公布。

6. 国家阶段的审查时间和费用是多少？

审查时间：发达国家的专利局由于审查资源较为丰富，审查时间预计为 2~3 年（从进入国家阶段起算），如美、日、韩、澳等，欧洲专利局由于要审理大多数进入欧洲地区的专利，时间一般为 3~4 年。如符合当地加快审查的要求，通常可在一年内获得审查结果。

发展中国家由于审查资源紧张，通常审查时间都在 3 年以上，甚至 6 年以上，如印度、巴西等。

费用：发达国家为 4 万~6 万元人民币，欧洲国家为 8 万~12 万元人民币，东南亚国家为 1 万~3 万元人民币（注：含国外专利局官费及当地专利律师费，不含授权费用及授权之后的年费）。

六、申请示例

1. 示例 1

中国发明专利申请 A 的申请日为 2019 年 3 月 20 日，如需以此专利申请为基础向外国申请专利，则应当在 2020 年 3 月 20 日之前提交 PCT 申请，或在 2020 年 3 月 20 日之前通过《巴黎公约》途径完成在外国的申请提交手续。

在2020年3月20日这一时间节点之前，PCT申请只需准备申请A的申请文本及申请信息，通过中国专利局的PCT电子申请系统直接提交PCT申请即可，申请完成后，可以至少还有18个月的时间再选择国家，办理向外国申请专利的手续；《巴黎公约》途径首先需确认申请A是否已经通过保密审查，然后需完成申请A的外文翻译，准备优先权材料，联系外国当地事务所，办理相关文件签字手续，提交外国专利申请。

2. 示例2

中国发明专利申请A的申请日为2019年3月20日，于2019年12月25日以申请A为优先权，提交了PCT申请。

（1）预计在2020年7月20日之前获得由中国专利局做出的国际检索报告和书面意见，根据实践，通常在PCT申请提交后4~6个月可以获得国际检索报告和书面意见，尤其是机械领域的申请，获得的时间相对较快。

（2）预计在2020年9月20日后进行国际公布。如获得国际检索报告及书面意见的时间距离预计的公布日还有较长时间（例如3个月以上），而此时已决定要进入国家阶段的国家，出于便于办理进入国家阶段手续的目的，可提出提前公布请求，提出请求后1~2个月进行国际公布。

（3）准备申请文本的外文翻译，联系外国当地事务所，办理相关文件签字手续，进入国家阶段。

专利挖掘和专利布局均离不开专利信息分析，相关内容将在第五章中作详细介绍。

第五章　涉农专利信息分析

涉农专利作为涉农技术信息最有效的载体，囊括了全球90%以上的最新涉农技术情报。通过对涉农行业或某一涉农技术分支专利文献的分析，能够客观反映涉农专利总体态势、技术发展路线和主要竞争主体的研发动向和保护策略，从而为国家、行业、研究机构、企业制定技术创新战略、研发策略和竞争策略提供不可或缺的支撑。

第一节　涉农专利信息概念

涉农专利信息属于科学技术信息，主要指一切涉农专利活动所产生的相关信息的总和。涉农专利信息具有信息的高度集成性，内容涵盖技术信息、市场信息、法律信息及其他信息，不仅更新及时、描述详细、内容真实，而且格式规范、便于查阅，相比其他科技情报有一定的优势。

第二节　涉农专利信息分析概念

涉农专利信息分析是指对来自涉农专利文献中大量或个别的专利信息进行科学的加工、整理与分析，并利用统计方法或数据处理手段，提取出有关重要的市场信息、技术信息、研发信息、技术发展方向信息，使这些信息具有纵览全局及预测的功能，并通过专利分析使它们由普通的信息上升为对技术开发和经营活动有价值的情报。涉农专利信息只有经过分析处理，转化为互相关联的、准确的、可使用的信息才是情报，也就是说，涉农专利信息是基础，而涉农专利情报才是目的，涉农专利信息分析的过程可以理解为是由专利信息获取专利情报的过程。

第三节　涉农专利信息分析对涉农专利布局和挖掘的支撑作用

涉农专利信息分析对涉农专利布局和挖掘的支撑作用不容小觑。涉农单位开展技术创新或制订专利挖掘和布局规划时，专利信息分析可以帮助涉农单位从宏观层面了解专利技术发展脉络、技术热点和整个领域的专利布局竞争态势；从微观层面进一步明晰、筛选和判定有价值的空白点；从竞争层面可以分析竞争对手的布局特点和布局策略。通过宏观、微观、竞争 3 个层面的综合分析，从而可以确定挖掘方向、启发挖掘思路、激发新的创意、规避专利侵权、提高研发技术的质量，可以发现新的技术领域和技术手段，也可以在技术相对密集的领域发现技术发展机会点，以及可以对现有技术进行改进的领域，最终促进创新活动，推进技术研发并转化成相应的专利成果。

第四节　涉农专利信息分析策略

涉农专利分析的目的决定了分析的内容，如只需要分析涉农行业的专利申请趋势，则应当以数据层面的分析为主；如需要对某一即将出口的涉农产品进行专利侵权风险分析，则应当以技术层面的权利要求分析为主；如想要分析某一竞争对手的专利挖掘策略时，则应当在技术层面分析的基础之上进行策略上的宏观分析等。分析内容决定了需要分析的深入程度，有些分析内容不仅需要数据层面的分析，还需要技术层面、战略层面乃至系统应用层面的分析，如对竞争对手的分析，既需要统计其专利申请趋势的数据，又需要对其关注的重点技术、技术的研发动向等技术层面进行分析，还需要分析其专利布局策略、专利诉讼策略、专利运用策略等。

第五节　涉农专利分析流程

包括准备阶段、检索阶段、数据处理、数据分析、撰写研究报告共 5 个阶段。

一、准备阶段

准备阶段，首先要了解背景技术，根据分析的目的和技术领域，提前制订技术分解表。技术分解表要能够反映技术热点和行业需求，适于检索，具有分析可行性。一个准确的技术分解对了解行业状况、检索专利信息以及检索结果处理等都具有非常重要的意义，不仅可以帮助专利分析人员在专利检索和分析之前，了解产业发展和行业技术发展状况，还能帮助专利分析人员准确了解行业各技术分支的情况，使专利分析人员对于整体技术主题从宏观到微观都心中有数。

技术分解表的修正可以在更深入的技术分析、产业分析和专利布局分析的基础上完成。经过多次修正确定的技术分解表是专利信息分析的基础，在分析过程中，技术分解表可以根据分析进展，进行适应性调整。涉农专利信息分析中，虽然没有统一的技术分解表模板，但技术分解表的确立工作需要非常严谨和规范。

二、检索阶段

涉农专利检索的目的就是为了全面准确地获取涉农专利分析的数据集合。

1. 检索路径

根据技术研发的不同阶段，涉农专利检索的路径有所不同。

（1）研发前检索。可以在研发之前，通过检索平台来确定技术构思是否已经被他人申请专利或已经取得专利权。

（2）专利申请前的新颖性检索。可以在申请前确定技术方案是否具备新颖性，以确定技术方案是否可以提出专利申请。

（3）防止侵权检索。可以通过检索排除所制造或销售的产品落入他人专利权的保护范围的可能性。

（4）无效程序中的证据搜集检索。可利用检索到的在先公开的技术，作为无效程序中质疑对方专利权新颖性、创造性的证据。

2. 检索数据库的选择

检索数据库的选择应当充分考虑分析的时间和地域要求，需要的数据项、分析维度以及数据库自身特点等多个因素。应对不同的数据库的数据可靠性、数据完整性和数据精准性进行初步评价。可以使用同一检索式在不同的检索数据库进行检索，根据检索结果来评价数据库的数据完整程度和数据加工能力。

另一方面，涉农专利分析工作具有较强的实效性，检索过程的耗时需要尽可能缩短，因此在选择检索数据库时需要考虑检索的效率，选择易用性好、方便对检索结果后续处理的数据库，目前常见的专利检索数据库主要有：中国国家知识产权局专利检索系统、国外主要专利局专利检索数据库、其他专利检索数据库等。

3. 确定检索策略

检索策略的确定是检索阶段的重要环节，应当充分研究行业发展现状和不同技术领域的特点，结合检索数据库的功能制定。在具体构建检索式时，专利分析检索的要素要以分类号、关键词为主，必要时应当以申请人、发明人等作为补充检索要素。为避免出现文献遗漏，应当使用分类号与关键词相结合来构建检索式，但在实际操作中，根据不同的技术主题，可以针对性选取分类号或关键词作为检索的重点。

（1）分类号的使用。分类号是使各国专利文献获得统一分类的一种工具，它根据专利文献制订的技术主题对其进行逐级分类，从而使其具有共同的类别标识。分类号是专利检索中获取专利数据的重要入口之一，其包含了某些关键词的上下位概念，因此利用分类号可以弥补因使用关键词检索造成的遗漏。

现有的分类体系包括《国际专利分类表》（IPC 分类）、各国的专利分类体系和商业公司的分类体系。各国分类体系主要包括：欧洲专利局分类体系 EC、欧洲专利局的 ICO 标引码、日本专利局的 FI/F-term 分类体系、美国专利局的 UC 分类体系等。商业公司的专利分类体系有：德温特公司的德温特分类 DC 和手工代码 MC 等，其中最常用的是 IPC 分类。

《国际专利分类表》（IPC 分类）是根据 1971 年签订的《国际专利分类斯特拉斯堡协定》编制的，是目前国际通用的专利文献分类和检索工具，为世界各国所必备。在它问世的 30 多年里，IPC 对于海量专利文献的组织、管理和检索，做出了不可磨灭的贡献。

IPC 分类表共分以下 8 个分册：

第一分册——人类生活需要（农、轻、医）；

第二分册——作业、运输；

第三分册——化学、冶金；

第四分册——纺织、造纸；

第五分册——固定建筑物；

第六分册——机械工程、照明、加热、武器、爆破；

第七分册——物理；

第八分册——电学。

国际专利分类系统按照技术主题设立类目，把整个技术领域分为5个不同等级：部、大类、小类、大组、小组。

部：B——表示作业、运输。

大类：B64 ——表示飞行器、航空、宇宙飞船。大类类号用二位数标记。

小类：B64C——表示飞行。小类类号用大写字母标记。

大组：B64C25/00——表示起落装置。大组类号用1－3位数加/00标记。

小组：B64C25/02——表示飞机起落架。小组类号是将大组/00中的00标记为其他数字。

（2）关键词的使用。关键词是涉农专利文献内容最直观的表现，是进行涉农专利分析检索的核心手段之一。与分类号一样，关键词也是获得涉农专利信息的基础，直接影响涉农专利信息的全面性和准确性，决定着涉农专利分析结果的质量。

涉农专利分析过程中，划定检索范围、制定检索策略、数据清理等工作都离不开关键词。关键词不仅用于确定相关的专利文献，也常用于排除噪声文献。在某些情况下，通过分类号无法准确区分特定技术分支所包含的内容，这时就需要通过关键词进行区分。例如，检索过程中由于不同国家和地区的专利局对专利文献的分类思路不同，因而同一主题的文献可能会被分在不同的分类号下，这时就需要使用关键词对所检索的主题进行补充或者直接将关键词作为检索入口。

在涉农专利分析检索中，所确定的关键词是要表达出某个技术领域或某个技术分支的技术特点，这种技术特点对于该技术领域或技术分支而言应具有普遍性。如果想从单篇或几篇专利文献中完整获取这种技术特点是不可能的，需要对该技术领域或技术分支有较为全面、深入的了解才能准确把握关键词。

检索以及随后的数据处理过程中，需要评估所选择的关键词是否准确。在检索过程中对关键词进行补充和调整时，可以采取增减关键词并将检索结果与增减前的结果逐一对比，以此判断是否在检索中引入该关键词。

4. 检索的注意事项

（1）检索数量。不同数量涉农专利的检索，对应不同的方法和要求。宏观、中观、微观分析的检索各不相同。根据WIPO（世界知识产权组织）的建议值，宏观数据量：> 1 000条专利数据；中观数据量：1 000～

10 000 条专利数据；微观数据量：< 1 000 条专利数据。

（2）查全率和查准率。查全率是衡量某一检索系统从文献集合中检出相关文献成功度的一项指标，即检出的相关文献与全部相关文献的百分比。查全率绝对值很难计算，只能根据数据库内容和数量来估算。

查准率是衡量某一检索系统的信号噪声比的一种指标，即检出的相关文献与检出的全部文献的百分比。

查全率及查准率的提高虽然很耗费时间和精力，却是报告结论真实可信的基础。检索就是在查全及查准之间寻找平衡，通常假定查全率为一个适当的值，然后按查准率的高低来衡量系统的有效性，一般查准率到达 80% 已经非常好了。

三、数据处理

数据处理是指将检索到的原始数据进行转换、清洗等加工整理后，转化为涉农专利分析样本数据库。数据处理是后期图表制作、统计分析的基础。数据处理的质量将影响专利分析结果的准确性。由于检索数据库可能有多个，而每个数据库导出的数据格式是不同的，因此需要对数据格式进行转换，数据转换是数据处理的必要环节。数据转换后还要进行数据清洗，包括数据规范和对重复专利的去重。数据规范是指对不同数据库来源的数据在著录项目表示方式上进行统一。数据项规范主要包括分类号、公开号、申请人国别、申请人名称、发明人名称、国家/省市/地区、关键词等相关内容的规范。

四、数据分析

数据分析是涉农专利分析中的重中之重。该阶段的任务需要关注采用何种分析方法、何种分析工具，达到何种分析目的、采用何种可视化的方式进行呈现，并对可视化的图表进行解读。选择合适的专利分析方法是涉农专利分析目标实现的关键。分析方法的选择没有定式，应当根据分析目标的要求有所侧重，但基本的分析方法要有所涉及。

1. 主要分析工具

由于面对的专利数据非常庞大，各种专利分析方法往往需要依赖于专利分析工具加以实现，分析工具直接影响专利信息分析的效率和准确性。随着计算机的普及，信息技术和网络技术的发展，专利信息分析逐渐从手工处理过渡到了以计算机为工具的时代，这为专利分析提供了极大的便利条件，不仅促进了专利信息分析方法的研究和拓展应用，而且也促使专利分析方法向自动化、智能化、网络化和可视化方向发展。市面上出现的各种各样的专利分析工具，例如 Innography（Innography Advanced Analysis）、DI（Derwent Innovation）、Patentics、智慧芽、SooPat、壹专利等，均适用于涉农专利信息分析，下面介绍几种主要的分析工具。

（1）Innography。Innography Advanced Analysis（简称 Innography）是一款专利在线检索分析工具，由美国 INNOGRAPHY 公司于 2007 年推出，是世界顶级的知识产权商业情报分析工具。该专利分析工具有丰富的数据模块，可以查询和获取全球 100 多个国家的专利、法律状态及专利原文，以及 2 200 万件以上的非专利文献和 1 亿条以上的引文关联数据。除此之外，还包含来自 PACER（美国联邦法院电子备案系统）的全部专利诉讼数据，以及来自邓白氏及美国证券交易委员会的专利权人财务数据。

Innography 具有丰富的数据源：包括专利、公司、财务、市场、诉讼、商标、科技文献、标准等数据，并可进行关联分析。专利地图分析能快速分析专利技术分布，挖掘技术热点和趋势，专利申请人气泡分析图能直观体现专利申请人之间技术差距和综合经济实力，文本聚类分析功能可以帮助快速判断研究领域的技术要点，专利强度指标可以从海量专利数据中筛选出高价值的核心专利，进而挖掘出技术领域的研发重点。

（2）DI。Derwent Innovation（以下简称 DI）是全球最著名权威的整合专利科技文献综合检索平台，覆盖全球 100 余个国家和地区的专利文献，同时可以检索 Web of Science、INSPEC 等的非专利文献。DI 平台还提供全球领先的专利引证树、专利分析表单图标分析功能、专利地图和文本聚类等分析工具。通过分析工具，仅需数分钟，即可从纷繁的信息中挖掘出最有价值的科技情报，如技术总体分布、竞争态势、技术发展趋势等，帮助企业或科研机构快速通过数据分析得出结论。

（3）Patentics。Patentics 是集专利信息检索、下载、分析与管理为一体的平台系统，包括服务器端和客户终端，采用 web 浏览格式、用户安装终端格式及建立局域服务器网络格式呈现专利数据，是全球最先进的动态智能专利数据平台系统。

与传统的专利检索方式相比，Patentics 检索系统的最大特点是具有智能语义检索功能，可按照给出的任何中英文文本（包括词语、段落、句子、文章，甚至仅仅是一个专利公开号），即可根据文本内容包含的语义在全球专利数据库中找到与之相关的专利，并按照相关度排序，大大提高了检索的质量和检索效率。Patentics 检索方式也可以跟传统的布尔检索式结合使用，以期获得更精准的检索结果。

（4）智慧芽。智慧芽成立于 2007 年 10 月，其核心产品智慧芽为客户提供行业领先的产品优质的服务：迅速增长的在线和内部专利搜索和分析服务，帮助客户将知识产权信息转化成市场洞察力和实际价值。智慧芽所搜集的世界范围内的专利包括：每周更新的美国、欧洲、世界知识产权组织、中国、日本、韩国、挪威和全球法律专利数据库。智慧芽的专利管理和分析使用简便，分析结果可视、可定制并以多种方式输出。

（5）SooPat。SooPat 是一个专利数据搜索引擎，其本身并不提供数据，而是将所有互联网上免费的专利数据库进行链接、整合，并加以人性化的调整，使之更加符合人们的一般检索习惯。SooPat 还开发了更为强大的专利分析功能，提供各种类型的专利分析，例如，可以对专利申请人、申请量、专利号分布等进行分析，并用专利图表表示，而且速度非常快。

（6）壹专利。壹专利是广州奥凯信息咨询有限公司结合近 20 年的专利检索分析经验，融合国内外技术特点和优点，依托于奥凯自建的专利大数据中心，旨在为用户提供简单、方便、高效的专利检索、阅读和分析工具。该工具数据全面，囊括了全球 104 个国家和地区的一亿多条专利数据；数据更新及时，以周为单位进行专利数据的更新；检索功能操作简单，提供助手式的检索式编写功能，并支持对检索结果进行二次检索和筛选；检索响应时间可达到毫秒级别，搜索引擎稳定，检索结果精准；检索结果展现方式多样，提供列表视图、图文视图、首图视图、全图视图等多种形式进行检索结果的展现，针对专利详情展示，提供高亮标识、双屏对比等人性化功能。

2. 数据分析主要内容

数据分析的主要内容有：专利技术发展趋势分析、技术生命周期分析、技术功效矩阵分析、重要专利分析等，详细介绍如下。

（1）技术发展趋势分析。任何涉农技术都有一个产生、发展、成熟及衰老的过程，根据历年申请的涉农专利数量变化情况，可以确定该技术的发展趋势及活跃时期，为科研立项、技术开发等重大决策提供依据。而对不同技术领域的专利进行时间分布的对比研究，还可以确定在某一时期内，哪些技术领域比较活跃，哪些技术领域处于停滞状态，这有助于涉农行业的从业人员或研究人员对行业有一个整体认识，并可以对研发重点和路线进行适应性的调整。

综合分析结果的描述大致可以包括以下 5 个方面。

一是各发展阶段的专利申请总量增长或降低趋势。

二是各发展阶段申请人数量的变化。

三是各发展阶段的主要申请国家和地区、代表性申请人情况。需要注意的是代表性申请人并不一定是申请量排名前几位的申请人，也可以是在行业内具有重大影响或拟重点研究的申请人。

四是各发展阶段的主要技术和代表性专利，代表性专利是指在行业中具有重大影响的专利或拟重点研究申请人的代表性专利。

五是对技术发展趋势的总结和预期。

（2）技术生命周期分析。技术生命周期分析是指根据涉农专利统计数据绘制曲线，分析涉农专利技术所处的发展阶段，了解相关技术领域的现状、推测未来技术发展动向。涉农专利技术在理论上按照技术萌芽期、技术成长期、技术成熟期和技术衰退期四个阶段产生周期性变化。

（3）技术功效矩阵分析。技术功效矩阵分析是指通过对专利文献反映的技术主题内容和主要技术功能效果之间的特征进行研究，揭示它们之间的相互关系。该分析适用于构建特定的专利组合或集群，便于科研人员掌握该专利组合或集群的技术布局情况，一方面可以了解实现某一种功能效果可以选择哪些专利技术以及该专利技术的有效程度；另一方面，可以了解一种专利技术可以实现多少功能效果以及主要的功能效果是什么，目前的技术空白点是哪些以及未来的突破点或潜在的研究方向是什么。

（4）重要专利分析。重要专利更多地表达了不同使用者基于不同目的对重要专利判断标准的差异化认知。一般而言，重要专利可以从技术价值、法律价值、经济价值、战略价值几个层面来确定，重要专利在一定程度上反映该专利在某领域研发中的基础性、引导性作用。

（5）市场主体分析。市场主体分析是涉农专利分析的重要组成部分。对市场主体的深入分析能够获得更具体、更有针对性的专利情报。例如，通过分析重要市场主体在某一技术分支的专利申请量变化情况，能够更具体地把握市场主体技术的发展水平和发展趋势；通过分析重要市场主体的专利申请目标国家或地区的变化情况，能够判断市场主体在专利布局方向上的变化；通过分析各重要市场主体在各技术分支上的申请活跃度，能够确定市场主体的优势领域，从而比较各重要市场主体之间的技术研发重点和研发方向的异同，并由此厘清各重要市场主体之间的竞争态势和合作可能性。

（6）区域分析。区域分析可以反映一个国家或地区的技术研发实力、技术发展趋势、重点发展技术领域、重要市场主体等，也可以反映国际上对该区域的关注程度等，区域分析的结论可以为国家或地区进行竞争对抗和全球范围内专利布局提供参考依据。如果一个区域已经有非常强的市场主体进行专利布局，那么就需要根据自身的情况来决定是否将市场扩展到该区域。在涉农专利区域分析中，涉及最多的是农业发展优势国家和中国的对比分析。

（7）专利技术合作分析。合作申请是涉农专利申请的一种常见形式。由于技术问题的复杂性，专利申请逐步出现了多个申请主体、多个权利人的情形。共同申请的专利是市场主体之间合作创新成果的直接体现。对于涉农专利申请中这一独特现象的分析，有助于更清楚地了解产业间的合作关系，寻找技术研发的合作伙伴以及探索实现产学研融合创新的机制。

根据申请人的类型，涉农专利共同申请可以为：公司与公司的共同申请、公司与个人的共同申请、个人与个人的共同申请、公司与研究机构的共同申请、公司与大学的共同申请等。根据所处产业链的位置，专利共同申请可以分为：涉农单位与上游产业单位之间的共同申请、与下游产业单位的共同申请、与处于同一产业位置单位间的共同申请等。

（8）竞争对手分析。分析竞争对手的专利活动可以了解本领域的主要竞争对手的技术优势、专利战略、技术研发重点与技术发展方向等，可以为涉农单位制定专利战略提供依据。对于竞争对手的专利分析，通常可以围绕竞争对手所关注领域的专利申请量、申请类型、目标市场、技术研发重点、研发团队和重要专利等方面展开。

（9）标准与相关专利的分析。涉农专利技术的标准化可使创新成果得到更多的推广应用，从而促进技术进步。标准是规范，可以占据市场；专利是产权，可以保护自己，两者兼顾将会使涉农单位拥有更大的发展空间。在我国，随着涉农单位专利化和标准化意识的提高，一些拥有自主知识产权的单位已经开始进行专利战略布局，积极参与各种标准化组织活动，努力探索如何将标准与专利更好地结合在一起，以谋得最大的经济效益和社会效益。因此，在进行涉农专利分析时，分析标准和专利之间的关系非常必要，这可以使涉农单位在实现技术标准化、专利标准化、标准产业化、产业市场化的进程中获得实际依据，并得到具体指导。

五、撰写研究报告

涉农专利分析报告是涉农专利分析的最终成果。报告框架通常包括：研究概况、专利分析的具体内容，主要结论和建议。在报告撰写阶段，需要以图表形式对分析内容进行可视化的呈现。图表是传递信息的一种重要形式，精心构思和设计的图表能有效帮助分析者更直观、更快速地掌握信息。要考虑图表的综合使用，通过多个图表的结合，才能全面反映各方面的信息。根据分析内容的不同，采用图表的形式有所不同。

1. 时间趋势分析

一般习惯用曲线图或者柱形图表示，柱状图可以叠加更多的信息，实现对比，曲线图可以更好地表现趋势。

2. 类型占比分析

一般采用饼图或直方图表示，饼图整体效果更好，直方图更易于对比。

3. 网络关系分析

一般采用表示相连关系的网络表示，还可以增加新的信息维度，例如利用两个连接关系之间的间距表示相近程度。

4. 三维信息分析

除 XY 轴外，还可增加第三维度信息，需要注意信息之间的关联，以挖掘更深信息。

5. 地图

地图图表多表示热度和分布情况。

一份高质量的涉农专利分析报告能够充分展示专利分析工作的结果，是专利信息分析水平最直接的体现，因此应当足够重视专利分析报告的撰写。在撰写报告中，要做到图、表、解读三位一体，有了图，还需要用表格来展示精确的数据，图表只是表现形式，对图表的准确解读才是形成专利分析结论的关键所在，图表解读的深度直接影响专利分析的质量。图表的解读不仅仅是重复图表中的直接显示信息，而且也是需要以可获知的信息为基础，深入挖掘这些信息背后深层的含义，综合一些外部因素来进行综合解释，从而得出正确的分析结论。

第六节　涉农专利分析报告实例

前面对涉农专利分析的概念、策略、流程作了详细介绍，下面具体介绍几个涉及农业领域的专利分析报告，这几个分析报告针对了不同的细分领域，具体包括农机装备、油菜、蔬菜、棉花机械化、秸秆资源化利用、农用航空植保等。虽然各专利分析报告的侧重点以及所采用的分析工具不尽相同，但基本都做到了图、表、解读三位一体，希望对读者有所启发。

一、农机装备产业全球专利技术信息分析报告

农机装备是转变农业生产发展方式、提高农村生产力的重要基础，也是“中国制造2025”十大重点发展领域之一。近年来，我国农机装备总量稳步增长，制造水平持续提升，作业能力大幅提高，农业生产已进入了机械化为主导的新阶段，有力推动了农业现代化进程。然而受农机产品需求的多样化以及机具作业环境复杂等因素制约，农机装备产业发展不充分不均衡的问题较为突出，尤其是科技创新能力不强、部分产品有效供给不足、农机农艺融合不够等问题亟待解决。与世界先进水平相比，我国农机装备产业大而不强，在自主创新能力、产业结构水平、质量效益等方面差距明显，转型升级和高质量发展的任务紧迫而艰巨。

当前，全球农机装备产业竞争格局正在发生重大调整，我国在新一轮发展中面临巨大挑战，必须放眼全球，加紧战略部署，着眼建设农机装备强国，固本培元，抢占农机装备产业新一轮竞争制高点。为此，《国务院关于加快推进农业机械化和农机装备产业转型升级的指导意见》明确要求，推动农机装备产业向高质量发展转型，推动农业机械化向全程全面高质高效升级。

在农机装备产业发展研究方面。颜廷武认为，一些地区片面提高农业机械总动力投入不仅不会促进农业增产增收，反而可能会起到相反的效果，因地制宜制订并选择符合区域实际的创新发展路径，是各地区农机装备制造业下一阶段工作更为紧迫的现实选择。李瑾认为，经济发展水平、农机研发和推广政策、自然地理条件、种植制度、土地经营规模是影响农机装备水平地区差距的主要因素。王辉认为，“互联网+”农机产业链的融合方式和手段在于以汇聚科技资源、创新农机服务模式为基础，形成现代农机领域的分布式网络协同研发、电子商务推广、数据化在线化服务等产业链新型模式和业态。

专利情报分析已在农业领域有所应用，王友华基于PatSnap数据库对欧盟、美国及中国等国家和地区1985—2016年收录的全球转基因大豆技术领域专利文献进行统计分析，得出全球转基因大豆专利信息的总体发展趋势、研发热点及技术分布与格局。曹亚莎采用SOOPAT专利数据库搜索引擎作为检索工具，对中国1986—2015年粮油产业的技术生命周期及其专利申请趋势、专利技术构成、热点专利、各国来华申请专利情况、专利的法律状态和地区分异进行系统分析。赵萍借助Incopat数据库的专利分析数据库，对

全球及中国农业生物技术相关专利保护与布局现状进行全景展现。但针对农机装备产业的专利情报分析文献目前尚未见到，本研究旨在为我国农机装备产业高质量发展提供信息参考。

1. 数据来源与方法

利用Innography专利信息检索和分析数据库对农机装备领域专利情报进行检索和分析，以该数据库提供的专利文献为数据源。Innography是由Dialog公司推出的国际顶级的在线专利检索分析工具，包括中、美、日、欧、韩等102个国家和地区每周更新的专利数据，除了强大的数据支撑外，Innography还具有强大的分析功能及核心专利挖掘功能。

采用主题词和IPC分类号限定的复合式检索方法进行检索，检索式为：(@（abstract，claims，title)((“agricultural machinery”）or(“farm machinery”）or（“agricultural equipment”）or（“agricultural machine”）or（“farm machine”）or（“farm implement”）））AND（@ meta“IPC_ A01B”or“IPC_ A01C”or“IPC_ A01D”or“IPC_ A01F”or“IPC_ A01G”or“IPC_ A01M”）。

由于2019年的数据不全，因此检索申请日截止时间为2018年12月31日。初步检索后获得相关专利 44 775件，对其进行同一申请文件只保留一件去重筛选，同时选取有效、授权专利。最终得到符合条件的 10 245件专利作为分析样本。

2. 数据分析

（1）专利授权年度趋势分析。专利授权年度趋势分析是指按每年专利授权量的情况对其进行统计分析，并依此判断该领域技术的年度发展情况。根据技术来源国数据统计得出授权量最多的国家依次是中国（ 6 592件）、俄罗斯（698件）、德国（520件）、法国（458件）、美国（412件）、日本(393件)，这6个国家在全球专利授权量中占比分别为64.34%、6.81%、5.08%、4.47%、4.02%、3.84%，合计达84.09%，这6个国家在全球农机装备领域占据了绝对主导地位。

中国、俄罗斯等6个国家的专利授权年度趋势如图5-1所示。由于各国专利授权量在2004年前都不多，因此，图5-1中的统计年份是从2004—2018年。中国专利量在全球专利量中占比较大，因此全球趋势和中国趋势大致相同，俄罗斯专利量虽然明显低于中国，但发展趋势和中国相近。两者进入快速发展期的时间非常接近，分别为2013年和2014年，中国2013—2017年专利量年均增长率达49.31%，俄罗斯2014—2017专利量年均增长率达 70.47%，两者的专利量均在 2018 年后出现大幅下滑，是否形成趋势性下降态势，尚有待观察。从图 5-1 看，德国、法国、美国、日本趋势相近。德国在该领域起步较早，2004—2015 年处于平稳发展期，明显的快速发展期并没有出现，2016 年后进入技术衰退期。法国和日本的快速增长期均为 2008—2013 年，美国的快速增长期则为 2011—2015 年。除日本外，德国、法国、美国的专利量均从 2016 年开始呈现下降态势。从总体来看，这 4 个国家对农机装备领域的技术关注度已明显降低，技术发展进入衰退期。

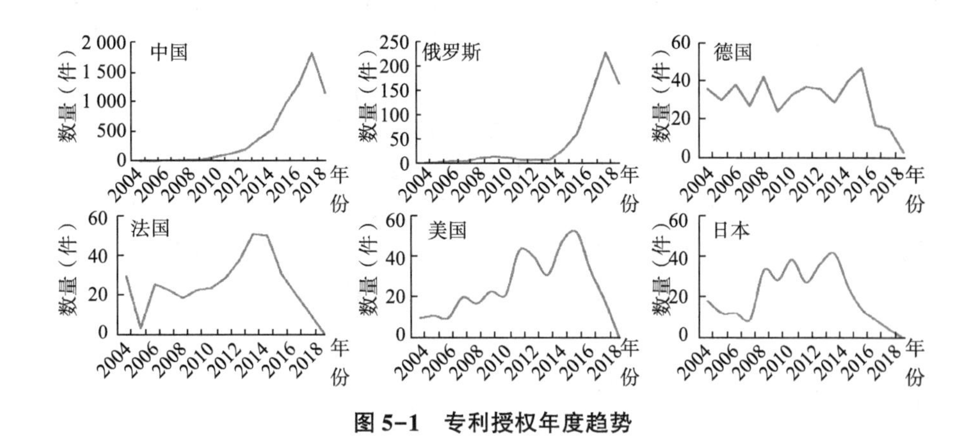

图 5-1　专利授权年度趋势

（2）专利布局分析。专利布局是指专利权人出于竞争目的，综合产业态势、市场、技术、经济等内外部因素，有目标、有策略地构建严密高效的专利保护网络。由于专利保护的地域性特点，专利技术强国通过专利的区域性布局，将重要专利在主要的研究和生产国以及潜在的市场国申请专利保护，这些国家就是技术应用国，而发明人所在的国家就是技术来源国。Innography 提供的技术来源国（Inventor location）分析和技术应用国（Source Jurisdiction）分析可以帮助了解某一领域专利布局情况，体现一个国家或地区在某领域科技活动中的研发投入，折射出研发与创新的战略与趋势。

为明晰农机装备领域专利布局情况，本实例提出他国在某国的专利布局数（简称他国布局数）和某国在他国的专利布局数（简称对外布局数）计算公式分别为：

他国布局数=技术应用数-本国应用数　　　　式（5-1）

对外布局数=技术来源数-本国应用数　　　　式（5-2）

式（5-1）中：技术应用数指所有国家在某国获得的专利数，本国应用数是指在某国的技术应用数中，发明人国别为该国的专利数。

式（5-2）中：技术来源数是指发明人所在地为某国而获得的专利数。

表5-1列出了技术来源数前6个国家的专利布局情况。从表5-1看，这6个国家不仅是技术来源的主要国家，也是技术应用的主要国家。表5-1中，某国对外布局数占其技术来源数的比例见表5-1倒数第2列，各国对外布局情况见表5-1倒数第1列。由表5-1看出，法国对外布局数在专利总量中占比最高，达到了52.40%，德国、美国分别位列第2和第3，从布局情况看，这3个国家知识产权保护意识和全球战略布局能力非常强，在世界主要区域进行了专利布局，已经构建了较为缜密的全球专利保护网。中国虽然专利产出量最多，但对外布局数非常少，只有8件，占比仅为0.12%，俄罗斯占比也很低，仅为0.14%，两者同属零星式、散乱式获取专利，并非有计划的策略性布局。日本对外布局情况要优于中国和俄罗斯，但与法国、德国、美国相比仍有差距。从他国布局数来看，俄罗斯排名第1，是各国最重视的市场，美国位列第2，中国位列第3。随着中国市场的需求增长，可以预见的是国外先进国家对中国市场的重视程度会加大。

表5-1　专利布局情况

国别或地区	技术来源数（件）	技术应用数（件）	本国应用数（件）	他国布局数（件）	对外布局数（件）	占比（%）	主要对外布局情况
CN	6 592	6 650	6 584	66	8	0.12	LU（1），US（1），EP（1），RU（1），DE（1），KR（1），JP（1）
RU	698	964	697	267	1	0.14	UA（1）
US	412	432	232	200	180	43.69	RU（52），CA（38），EP（34），AU（14），ES（11），UA（9）
JP	393	377	365	12	28	7.12	CN（13），KR（8），FR（2），SE（1），IE（1），GR（1）
DE	520	309	249	60	271	52.12	RU（128），US（44），ES（23），DK（17），UA（12）
FR	458	258	218	40	240	52.40	US（49），RU（33），ES（32），DK（32），CN（19），DE（16）

注：① 最右列简称指代：CN 中国，RU 俄罗斯，US 美国，JP 日本，DE 德国，FR 法国，KR 韩国，LU 卢森堡，UA 乌克兰，EP 欧专局，SE 瑞典，ES 西班牙，DK 丹麦，IE 爱尔兰。

② 主要对外布局情况中，最右列简称括号后的数字为在该国布局的专利数。

（3）主要创新机构竞争态势分析。Innography 的专利申请人气泡分析图能直观体现专利申请人之间技术和综合经济实力差距，对了解目标领域创新机构的竞争力具有重要作用。图 5-2 显示了农机装备领域专利量位列在前的主要专利权人分布情况。图中气泡的大小表示不同专利权人拥有专利量的多少。纵坐标为综合实力指标，该指标与专利权人的经济实力、专利布局、专利诉讼情况等相关，纵坐标由下而上代表专利权人的综合实力渐强。横坐标为技术综合指标，与专利类别、专利他引情况等相关，横坐标由左而右代表专利权人的技术实力渐强。专利权人若位于第 1 象限则表明其具有很强的技术实力和经济实力，属于领域的领导者；若位于第 2 象限则表明其经济实力很强，属于潜在的技术购买方；若位于第 3 象限则表明其经济或技术实力稍逊一筹，属于领域的仿效者或跟随者；若位于第 4 象限则表明其技术实力很强，属于潜在的技术销售方。位于第 2 象限和第 4 象限的专利权人可以通过专利技术转让或许可等方式实现共赢。

从图 5-2 看，美国迪尔、凯斯纽荷兰等大型跨国公司掌握了产业发展的制高点，技术壁垒较为明显。美国爱科虽然专利量不多，但技术实力和经济实力均较强。法国库恩、德国克拉斯、技术实力很强，是潜在的销售方。中国农业大学虽然位列第 4 象限，技术实力也较强，但处于横坐标的左端，与其他两个国家技术实力仍有一定差距。中国的东北农业大学、农业农村部南京农业机械化研究所，日本的井关、久保田、洋马同处第 3 象限，是领域仿效者或跟随者，不过从图中看，中国几家创新机构纵坐标位置不高，表明经济实力一般，而日本几家公司纵坐标位置明显偏高，表明其经济实力较强，尤其是日本三菱重工位列第 2 象限，经济实力强劲，是潜在的购买方。

值得一提的是位于第 3 象限的荷兰 LELY 和俄罗斯 FGBOU，百度搜索发现这两个专利权人的信息寥寥，但通过专利分析发现，荷兰 LELY 在农机装备领域的研发时间非常早，1954 年就申请了 2 件专利，经过多年持续研究，该专利权人在干草机、割草机、耕整地机械、施肥机、播种机等方面有很多专利产出，并且在德国、法国、英国、丹麦进行了大量布局。FGBOU 是俄罗斯在农机装备领域最重要的专利权人，分析发现，该专利权人在 2015—2018 年间，研发活跃度非常高，围绕谷物、马铃薯、甜菜、甘蔗等作物。在耕作、种植、收获、种子预处理等细分领域开展了系列研究。近年来俄罗斯大力振兴发展农业，取得了令人瞩目的成绩，不仅解决了 1.4 亿人的吃饭问题，还跻身于全球名列前茅的农业出口大国。在“一带一路”协同发展背景下，中国农机科研机构应该加大与俄罗斯创新机构的合作力度。

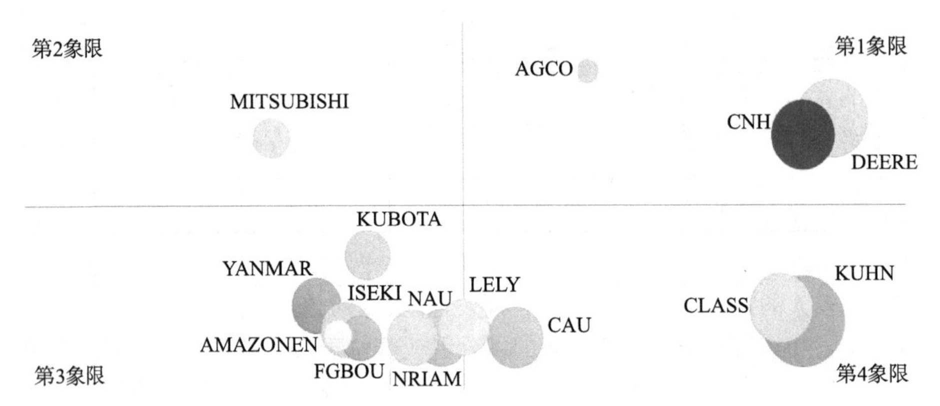

KUHN（法国库恩）；DEERE（美国迪尔）；CNH（美国凯斯纽荷兰）；CLASS（德国克拉斯）；CAU（中国农业大学）；NAU（东北农业大学）；LELY（荷兰 C. VAN DER LELY N. V.）；NRIAM（农业农村部南京农业机械化研究所）；YANMAR（日本洋马）；ISEKI（日本井关）；KUBOTA（日本久保田）；FGBOU（俄罗斯 FGBOU VPO UGATU）；MITSUBISHI（日本三菱重工）；AMZONEN（德国阿玛松）；AGCO（美国爱科）。

图 5-2 主要创新机构竞争态势（见书后彩插）

（4）技术研究热点分析。

① 专利技术 IPC 分析。国际专利分类号（International Patent Classification，简称 IPC）是一种国际通用的针对专利文献的分类方法。IPC 在一定程度上反映了技术的集中度和研究热点。通过观察主要权利国家的 IPC 分布能够掌握农机装备领域的主要研发方向，对未来的研发起到借鉴作用。对样本专利进行 IPC 分析得到图 5-3。由图 5-3 可知，农机装备领域专利量前十的 IPC 大组依次是 A01C7（播种）、A01B49（联合作业机械）、A01B33（带驱动式旋转工作部件的耕作机具）、A01C5（用于播种、种植或施厩肥的开挖沟穴或覆盖沟穴）、A01D41（与脱粒装置联合的收割机或割草机）、A01M7（用于液体喷雾设备的专门配置）、A01C15（施肥机械）、A01D45（生长作物的收获）、A01C11（移栽机械）、A01D34（割草机）。

② 专利技术文本聚类分析。文本聚类分析是根据文本的某种联系或相关性对文本集合进行有效的组织，在给定的某种相似性度量下把对象集合进行分组。Innography 的文本聚类功能可以根据词频快速提炼技术点，是对 IPC 分类的一个有益补充。

通过文本聚类分析得出农机装备领域专利技术图景如图 5-4 所示，图 5-4 中白色边界内的区域代表技术点，技术点下的专利量越多则区域面积越

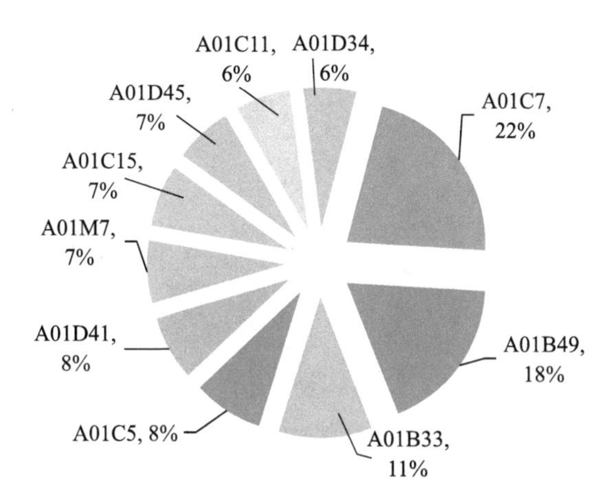

图 5-3　IPC 分布

大。各国和各大专利权人围绕技术图景中呈现的技术热点词语申请了大量相关专利，形成了缜密的专利保护网。在分析过程中，本研究剔除了不相关或相关度低的热词，包括 technical field；right side；lower part；fixed connection；working bodies；working elements；front ends；water tank；paddy field；direction of travel；inner wall；support frame；bottom plate；main body；fixed connection；connecting rod；simple structure；water pump；machine building；dischange gate；service life；work efficiency；simple structure。同时特别将"simple structure""work efficiency""service life"三个词作了停词处理，这三个词分别代表结构简单、工作效率、使用寿命。之所以将这 3 个词作停词处理，是因为它们是技术创新中需要解决的共性问题，即研发出结构更加简单、工作效率更高、使用寿命更长的农机装备是创新研发的主要目标。

③ 我国研究热点与世界热点对比分析。中国专利总量大，技术研发上覆盖了全部技术热点，但在旋转轴、液压缸和收割机方面的技术覆盖度还没有其他技术热点覆盖度高。在旋转轴方面，主要专利权人有美国迪尔、法国库恩、美国凯斯纽荷兰，前十位专利权人中没有中国机构。在液压缸方面，美国凯斯纽荷兰、中国农业大学、美国爱科是三大专利权人，主要发明集中于农机装备的升降系统和转向系统。在收割机方面，德国克拉斯、美国凯斯纽荷兰、农业农村部南京农业机械化研究所是位列前三的机构，其中德国克拉斯发明创造以谷物联合收割机、自走式收获机为主，美国凯斯纽荷兰主要致力于收割机的切割组件、升降系统、稳定系统、耦合装置、折叠装置等方

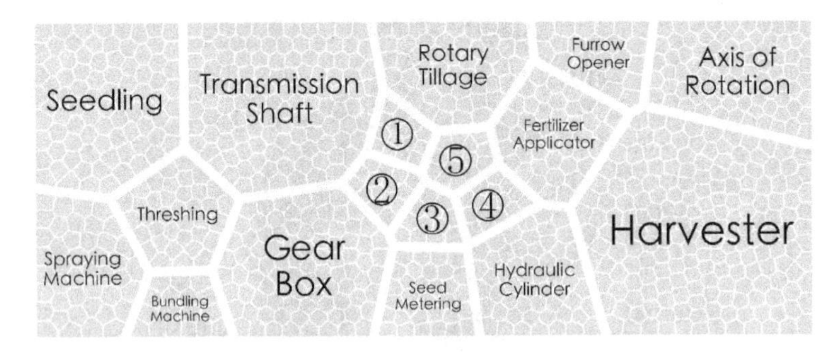

Harvester（收割机）；Transmission Shaft（传动轴）；Gear Box（变速箱）；Axis of Rotation（旋转轴）；Seeding（播种）；Rotary Tillage（旋耕）；Hydraulic Cylinder（液压缸）；Fertilizer Applicator（施肥机）；Seed Metering（排种器）；Spraying Machine（喷雾机）；Threshing（脱粒）；Furrow Opener（开沟器）；Bundling Machine（打捆机）；① Fertilizer Injection Unit（肥料注入装置）；② Shower Nozzle（喷头）；③ Tectorial Membrane（覆膜）；④ Rice Transplanter（插秧机）；⑤ Remote Control（远程控制）。

图 5-4 专利技术图景

面的创新，农业农村部南京农业机械化研究所发明的主要集中于花生、棉花、油菜、马铃薯、枸杞、茶叶、蔬菜、芦苇的收获。值得一提的是，作为新兴产业，工业大麻这两年成为全球新的产业热点，农业农村部南京农业机械化研究所在 2016 年发明了一种站立式工业大麻输送收割机，该发明有望在我国工业大麻收获环节发挥积极作用。

近两年来，我国提出加快推进农机装备技术创新，提升智能化制造水平。从图 5-4 看出，“远程控制”是与智能农机装备最密切相关的技术热点。该技术热点专利量自 2014 年后快速增长。中国在该热点的专利产出量占全球专利总量的一半，东北农业大学、昆明理工大学、四川农业大学、北京农业智能装备技术研究中心均有专利产出，但专利聚集度不高，且缺乏持续性技术创新。美国凯斯纽荷兰专利产出量最大，是对该热点技术关注度最高的专利权人，从时间维度来看，该专利权人在该热点内的技术创新从 2004—2017 年整整持续了 13 年。早在 2004 年该专利权人就发明了一种拖曳农具的自动引导系统，采用 GPS 将农具定位在距离所需路径不到 2. 54cm 的范围内，可以精确记录拖拉机的当前位置和拖拉机已经到过的任何地方。

（5）核心专利挖掘与分析。

① 核心专利挖掘。核心专利指的是生产某种产品时不能通过某些规避设计手段绕开，而必须使用的相关专利。核心专利的挖掘对于技术创新至为

重要。在批量专利中，借助有效的专利信息分析工具，可以挖掘出大最有价值的核心专利，从而帮助科研人员高效获取某技术领域的高价值信息。

Innography 的核心功能之一是专利强度分析，专利强度指标是判断某项专利价值大小的一项综合指标。影响专利强度指标的因素很多，主要包括专利权利要求数、同族专利数、诉讼情况、引用与他引情况等。根据不同的专利强度区间，Innography 将专利划分为核心专利（专利强度≥80%）、重要专利（30%~80%）和一般专利（专利强度≤30%）。

农机装备领域全球和主要国家核心专利、重要专利、一般专利占各自专利总量的百分比见表 5-2。从表 5-2 看出，该领域专利强度分布符合专利强度常规态势分布，即核心专利数量最少，一般专利最多。由于中国专利在全球专利中占比很大，因此表 5-2 特别列出了全球（不含中国）专利强度情况。统计发现，美国核心专利在其专利总量中的占比遥遥领先，紧随其后的是德国和法国，日本核心专利占比虽然在亚洲占优，但与美国等国相比仍有差距。中国核心专利仅有 1 件，占比仅为 0.02%，远低于全球（含中国）水平，更大幅低于全球（不含中国）水平。而在一般专利中，中国占比又远远大于全球（不含中国）水平。由此可见，中国农机装备领域专利质量整体明显偏低，在专利质量提升方面还有很长的路要走。俄罗斯的专利质量情况整体也较差，核心专利数为 0，重要专利占比仅为 2.87%，而一般专利占比高达 97.13%，专利质量堪忧。

表 5-2　专利强度

区域	核心专利（%）	重要专利（%）	一般专利（%）
全球（含中国）	1.44	15.62	82.94
全球（不含中国）	4.02	20.51	75.47
中国	0.02	7.27	92.71
俄罗斯	0	2.87	97.13
德国	5.58	45.57	48.85
法国	4.37	43.88	51.75
美国	14.81	54.85	30.34
日本	0.51	24.43	75.06

② 重点核心专利解读。为重点分析核心专利，筛选出专利强度在 90 分以上的专利 65 件，这些专利是核心专利中的重点。65 件重点核心专利集中

于北美洲和欧洲国家和地区，其中美国32件，法国12件，德国9件，亚洲国家中除日本有2件外，其余国家均没有。美国凯斯纽荷兰（12件）、法国库恩（8件）、美国迪尔（6件）是掌握重点核心专利的主要专利权人。根据细分领域的不同，选取8件代表性专利进行详细解读，具体如表5-3所示。

表5-3 重点核心专利分析

专利号	申请日	IPC分类号	技术主题	技术功效
EP2375880B1	2009年10月20日	A01C7	种子计量装置	可将种子放置在恒定、均匀的位置，并在播种时保持高速运动
US6699121B2	2002年2月14日	A01F12	收割机中的粉碎装置	设有成组的前切削刃和后切削刃，反转使用切削刃，提高切碎能力和材料输送力
US9137946B2	2011年6月22日	A01B73	自动液压和电动割台联轴器	提供一种收割机和集管的组合，该集管设有用于自动建立集管和进料器之间的液压或电耦合的装置
US9226446B2	2010年8月25日	A01B69	果树修剪机和水果收割机	采用机器人将树修剪成预定的轮廓，利用在修剪过程中获得的数据采摘水果
US7383114B1	2006年4月7日	A01B35	机具引导系统	基于GPS引导机具跟随动力车辆按路径行进，使牵引力或转向角的偏移保持在设定动态范围内
US7240627B1	2004年9月10日	A01B15	农作物清理装置	采用改进的残留物犁刀装置，切断和清除农作物碎屑，降低对土壤的侵蚀
US9745060B2	2015年7月17日	G05D1	农作物信息分析无人机	根据一个或多个农业无人机采集到的作物多光谱和高光谱图像等信息，实现农业喷雾器的精准喷洒
EP1994815B1	2008年5月15日	A01B63	播种或施肥机的分配机构	用于气动分配种子、肥料到多个出口，防止其排放到指定的堵塞出口

③ 失效核心专利的挖掘。专利权是一种私权属性的财产权，具有排他性，未经专利权人的许可，任何单位或个人不得实施其专利。失效专利则丧失了这种权利。从失效专利中寻找重要的技术信息并加以改进优化，不仅能提高研发起点，还能避免重复研究，缩短研发周期，降低研发成本。

在17 135件失效专利中，检索得出核心专利31件，其中美国14件、德国12件、法国3件。德国克拉斯、美国凯斯纽荷兰、法国库恩、美国爱科是掌握这些核心专利的主要机构。德国克拉斯在1998年发明了一种收割机传感器，用于监测收割机脱粒机构和分离机构中各点的脱粒和分离性能。

美国爱科在1998年发明了一种控制系统，用于准确将特定的混合物或规定量的种子或其他农产品输送到田地中预定的分配地点。这些核心专利虽然已经失效，但技术先进性强，并且可以无偿使用，如果国内研发机构或企业能充分利用这些失效的核心专利，在失效专利基础上进行二次创新开发，有可能会起到事半功倍的作用，开发出更具实用性和前瞻性的创新产品。

3. 结论与启示

全球农机装备技术主要集中在中国、俄罗斯、德国、法国、美国、日本这6个国家，其中德国、法国、美国、日本目前已经进入技术衰退期，中国、俄罗斯专利量也在2018年出现了明显下滑。法国、德国、美国在世界主要区域都有专利布局，已经构建了较为缜密的全球专利保护网。中国虽然技术来源数最大，专利产出量最多，但海外专利申请数严重不足，对外布局能力非常弱。美国迪尔、凯斯纽荷兰等大型跨国公司掌握了产业发展的制高点，技术壁垒较为明显。中国农业大学、东北农业大学、农业农村部南京农业机械化研究所技术实力不俗，但只是技术的跟随者，而不是领跑者。日本井关、久保田、三菱重工不仅技术实力较强，经济实力也雄厚，是潜在的技术购买方。农机装备技术研发集中于A01C7、A01B49、A01B33等IPC类别，收割机、传动轴、脱粒、覆膜等是技术研发热点，中国技术研发上覆盖了全部技术热点，但在旋转轴、液压缸和收割机方面的技术覆盖度弱入其他技术热点。在核心专利方面，美国、德国、法国掌握了绝大部分核心专利，中国核心专利拥有量非常少。美国、法国等国失效专利中存在高质量核心专利。

由上述结论可得到推进中国农机装备产业转型升级及提高农业机械化发展水平的政策启示：

一是聚焦薄弱板块，加强顶层设计，研究部署新一代智能农机装备科研项目，建立智能农机产业联盟，提升智能化制造水平，力争在智能农机方面实现弯道超车。

二是强化产学研深度协作与融合，推进农机装备全产业链协同发展，在旋转轴、液压缸等关键核心部件上，要解决影响产品性能和稳定性的关键共性技术，提升产品的可靠性和有效供给。

三是放眼全球，强化专利海外布局，培育具有国际竞争力的农机装备研发机构和生产企业，推动国内先进农机装备“走出去”，服务“一带一路”建设。

四是完善有利于创新的制度环境，增强科研机构和企业的原始创新能力，引导其从技术跟随者向引领者转变，在未来竞争中抢占制高点。

五是在力争研发出创新水平高的技术的同时，要同步提高专利的撰写质量，提高核心专利和高质量专利组合的产出，构建属于我国的专利技术堡垒。

六是充分利用全球农机装备资源和市场，积极参与国际合作项目，与国外先进农机装备企业开展多种形式的技术合作，形成新的比较优势。

七是加强技术创新、专利申请和标准制定的结合，促进专利与标准的深度融合，让标准成为对质量的“硬约束”，促进农机装备质量可靠性建设。

八是有效利用国外已经失效的高质量专利，提高技术研发起点，缩短研发周期，降低研发成本。

二、油菜产业全球专利技术信息分析报告

油菜是我国重要的油料作物，是关系国计民生的重要战略产品，也是继水稻和小麦、玉米后的第四大农作物。我国是世界油菜生产大国，种植面积和产量均居世界首位。油菜每年可为我国提供470万吨左右食用植物油，占当前国产油料作物产油量的57%，在我国食用植物油供给中占有非常重要的地位，此外，油菜还为我国提供800万吨以上优质蛋白饲料，为1亿多油菜种植农民提供约675亿元的经济收入，也为生物燃料、医药、化妆品、冶金等行业提供重要工业原料，与一二三产业的融合度较高。

油菜产业的发展源自技术进步，核心技术的演化和提升是以知识扩散为基础。专利作为研究知识扩散的重要视角之一，能够揭示技术创新的演进脉络和专利主体的创新概况。研究油菜产业的专利发展情况，分析其核心技术、创新机构、技术布局等，能够为政府和行业提供可信的产业技术情报，为其在产业政策或规划制定、产业技术趋势预测、共性技术与关键技术识别、技术研发需求和技术资源分配等方面提供参考。

1. 数据来源与方法

数据来源于Innography专利检索分析数据库，本研究以（Cole OR Rape OR Rapeseed OR “Brassica napus” OR “Oilseed rape” OR “Brassica napus L”）为检索词，首先进行数据去重，其次将研究对象设定为授权、有效、发明专利，经过反复筛选，得出符合要求的专利12899件。

2. 数据分析

（1）技术发展态势分析。从专利技术的发展过程看，基本上可分为4个阶段：萌芽阶段—生长阶段—成熟阶段—衰老阶段，其中萌芽阶段，即重

要的核心技术、基本专利相继产生；生长阶段即基本发明向纵深发展和横向转移，并逐渐遍及至各相关领域；成熟阶段，即技术日趋成熟，在基本发明专利的基础上，一般的改良发明专利、二次开发专利和大量涌现；衰老阶段，即技术日显陈旧，专利数量大幅衰减。根据1998—2016年油菜产业全球专利总量及排名靠前的5个国家或地区的专利量绘制图5-5，由图5-5大致可推断出全球油菜产业专利技术发展过程为：1998—2002年为萌芽阶段，2003—2013年为生长、成熟阶段，2013之后逐渐进入衰老阶段。中国和全球发展态势大致趋同，专利量峰值均出现在2013年，从2013年开始逐年递减。而美国、欧专局、日本的发展态势则和全球不尽相同，美国、日本的高速发展期集中于2006—2012年，美国专利量峰值出现在2011年，日本略早于美国，出现在2009年，两者均自2012年开始逐年走低；欧专局在油菜产业技术创新方面起步较早，技术成熟期集中于2001—2011年，专利量峰值出现在2007年，随后几年发展平稳，自2012年开始专利量大幅减少，步入技术衰老期。美国、欧专局、日本均较中国提前进入技术衰老期。

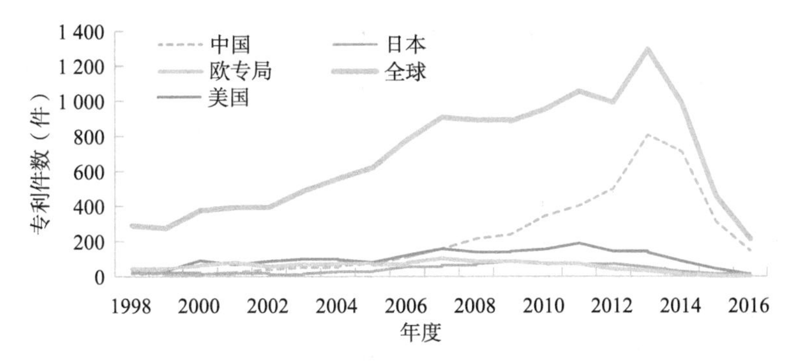

图5-5　年度发展趋势（见书后彩插）

（2）技术来源与应用分析。发明人数量居前四位的国家依次是：中国（3 763件），美国（2 756件）、日本（899件）、德国（847件）。这几个国家的发明人主导了全球油菜产业的技术进步。中国发明人专利数量位列第1，表明中国在该领域发展迅猛，知识产权保护意识强，取得了一定的成绩。进一步按技术应用国分析发现，排名前四位的依次是：中国（4 246件）、美国（1 911件）、德国（217件）、日本（738件）。

值得注意的是，技术来源大国美国、日本、德国的专利量要远远大于其技术应用的专利量，而中国恰恰相反，即技术应用的专利量要明显大于其技术来源的数量，表明美国、日本等国高度关注重视国际市场，注重在全球进行专利战略布局，中国是其专利布局的重要目标市场。究其原因，可能由于中国油菜种植面积和产量均居世界首位，中国属全球油菜籽消费主要市场，因此，美国、日本等国为占领市场，谋求技术垄断，纷纷在中国进行专利布局。反观中国在全球专利布局方面则明显偏弱，虽然国外油菜籽消费市场不大，但油菜其他领域的运用并不缺乏，因此中国本身在专利布局能力方面的弱势不容忽视。

国际专利申请量能在一定程度上反映专利权人的技术发展水平，表 5-4 是主要专利权人在上述几个国家的专利布局情况，从表 5-4 可以看出，各国油菜产业技术的国际化程度存在较大差异，湖南农业大学、华中农业大学、中国农业科学院油料所仅在中国申请专利，海外专利数全部为 0，中国石化虽然在美国、日本等申请了专利，但数量屈指可数。反观美国陶氏杜邦、孟山都等公司，在主要国家均有专利布局，可以预见这些国际巨头在未来一段时期内仍将保持竞争优势，中国未来若想在该领域突破国外核心技术的垄断和控制也并非易事。

表 5-4　主要专利权人专利布局

主要专利权人	中国	美国	日本	德国
巴斯夫	35	89	23	3
拜耳	21	95	31	2
中国石化	91	1	1	0
陶氏杜邦	55	173	34	2
华中农业大学	94	0	0	0
湖南农业大学	54	0	0	0
油料所	62	0	0	0
孟山都	23	94	9	7
先声达	18	35	14	4
日清	12	1	65	0

（3）IPC 分析。IPC 是目前国际上唯一通用的专利文献分类工具，它采用功能性为主、应用性为辅的五级分类原则，即部、大类、小类、大组和小组。专利数集中的 IPC 类组通常是技术研发的活跃区域。本实例采用 IPC 小类分析油菜产业的技术构成。图 5-6 显示油菜产业最集中的十个 IPC 小类，其专利数占总量的 76.5%。小类 C12N（微生物或酶；其组合物）、A01N（人体、动植物体或其局部的保存）和 A61K（医用或梳妆用的配制

品）位居前三位。从IPC来看，油菜产业核心技术主要集中油菜基因工程、生物工程育种、植物生长调节剂、杀生剂、害虫驱避剂、引诱剂、化妆品或医用品制备等领域，具体来说，比如涉及甘蓝型油菜育性相关BnCP20基因及应用，芥菜型油菜基因ANS和埃塞俄比亚芥BAN共转化提高大肠杆菌中原花色素含量的方法，特异性检测转基因油菜RT73的标准分子及其应用，油菜呼吸代谢相关基因BnAOX1及应用，油菜籽油酸发酵产物制备植物酵素控油祛痘面膜，油菜籽作为用于烫伤的外用药的一种成分等。

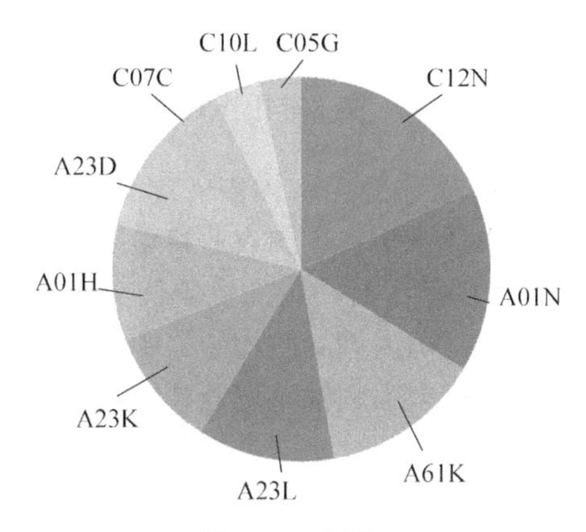

图5-6 主要IPC

随着技术的发展，IPC集中的区域也随之发生变化，图5-7显示了2012—2016年近五年排名前十位的IPC小类，A23D、C07C、C10L已经从前十大小类中消失，取而代之的是C11B、A01G、A01C，即油菜的栽培、种植、施肥方面的技术创新在这几年得到了更多关注和提升。C12N、A23K、A01N、C05G、A01H近几年明显呈技术衰退走势，尤以C05G、A01H衰退得厉害，C05G甚至在2016年的技术关注度为0，C11B、A23L、A01C虽近几年专利量有所衰减，但总体基本呈稳定发展的态势。

也有小类从专利数量上来说并不占优势，但其影响却不容小觑，例如H01L（半导体器件等、电器元件等）占比仅有2.1%，但无疑是近年来的技术热点，具体来说，例如在一种高效化合物太阳能电池的发明中，其采用油菜花粉混合其他物质制备了电池的荧光吸收层粉体。

（4）创新机构分析。图5-8显示出油菜产业专利申请量排名前20位的全球创新机构，主要分布在美国（5家）、德国（3家）、荷兰（2家）、瑞士（2家）、法国（1家）、日本（2家）、中国（大陆）4家。专利量最多

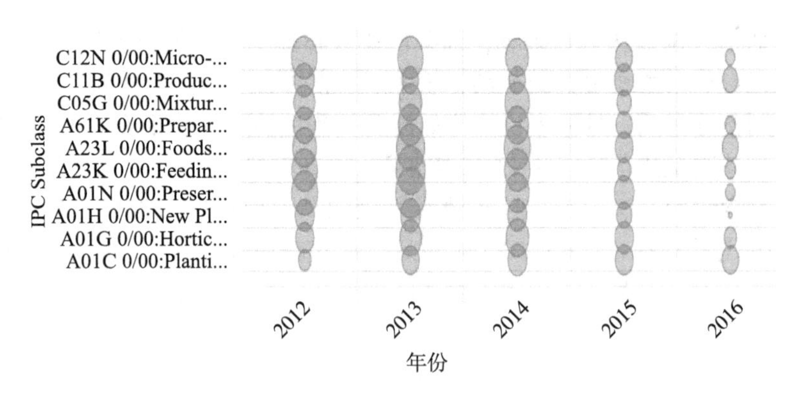

图 5-7 近 5 年主要 IPC

的是全球化工巨头美国陶氏杜邦公司，国内 4 家上榜创新机构中，中国石化、华南农业大学、华中农业大学、中国农业科学院油料所分列第 2、第 8、第 10 和第 15，在全球技术创新中有一定的竞争优势，具备了追赶国际先进标杆的技术研发潜力和实力。国内创新机构中除中国石化公司外，另外 3 家均为高校和科研机构，表明国内引领油菜产业技术创新的机构以高校和科研机构为主。

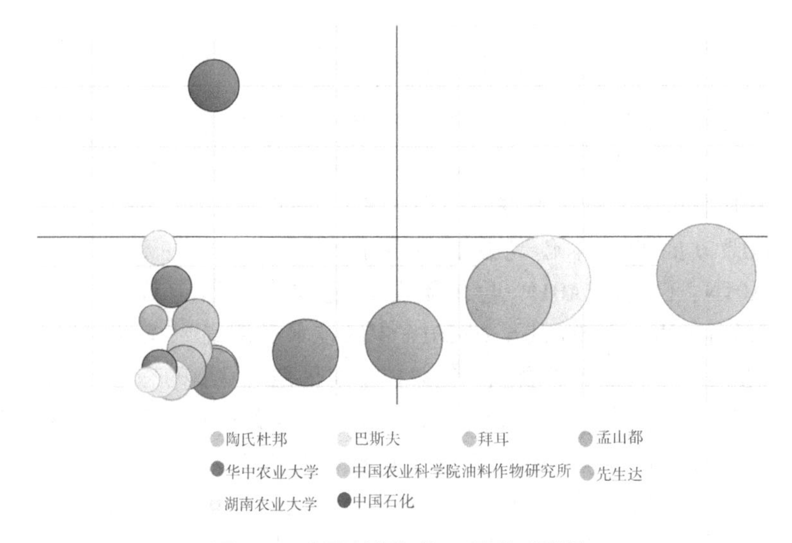

图 5-8 主要创新机构（见书后彩插）

Innography 的专利申请人气泡分析图能直观体现专利申请人之间技术差距和综合经济实力。图 5-8 分为 4 个不同的象限，处于第一象限的专利申请人，技术实力和经济实力都很强，是领域内的领导者，与之相对的处于第三象限的竞争者经济或技术实力稍显薄弱，是领域内的仿效者和加入者，处于第二象限的竞争者经济实力很强，是潜在购买方，处于第四象限的竞争者，技术实力很强，是潜在销售方，往往处于第二象限和第四象限的竞争者可以采用专利技术转让等合作模式达到共赢。

从图 5-8 来看，美国陶氏杜邦和德国巴斯夫处于第一象限和第四象限的交界处，比较靠右，气泡也较大，表明其综合技术、综合经济实力最强，可以认为是领域内的领导者；美国孟山都和德国拜耳略逊于美国陶氏杜邦和德国巴斯夫；瑞士农化巨头先正达和中国华中农业大学、中国农业科学院油料所等同处第三象限，是该领域的技术加入者，在技术创新方面有进一步提升的空间；中国石化位列第四象限，经济实力很强，可以通过购买核心专利技术或专利许可等方式来快速增强技术实力，提升自己的整体实力。

（5）技术热点分析。文本聚类分析就是对研究对象或指标诸多特性进行分类的一种统计分析技术。Innography 的文本聚类功可以根据词频快速提炼技术点。经反复检索，先后剔除不相关或相关度低的热词，具体包括 Rape；Following Steps；Raw Material；Technical Field；Room Temperature；DEG C；Brassica Napus；Food Products；Active Ingredient；Oilseed Rape；Lower Part，最终得出油菜产业技术热点的专利图景，见图 5-9。白色区域代表大的技术点，面积越大，代表技术点下的专利量越多。这些热词是实施专利保护的核心所在，围绕这些核心，各国和各大公司申请大量相关专利，形成了庞大的专利保护网。图 5-10 显示出该领域前 5 个国家和地区技术热点的分布，中国的发明创新基本覆盖了全部技术热点，在油菜籽和有机肥方面占据了主要优势，但在核酸等方面尚需进一步加大研发力度。

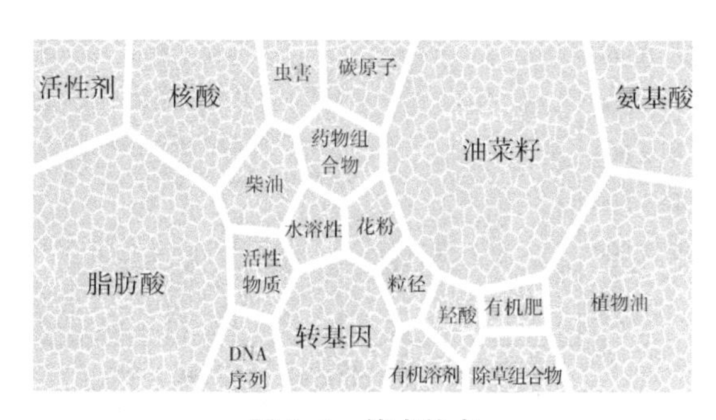

图 5-9 技术热点

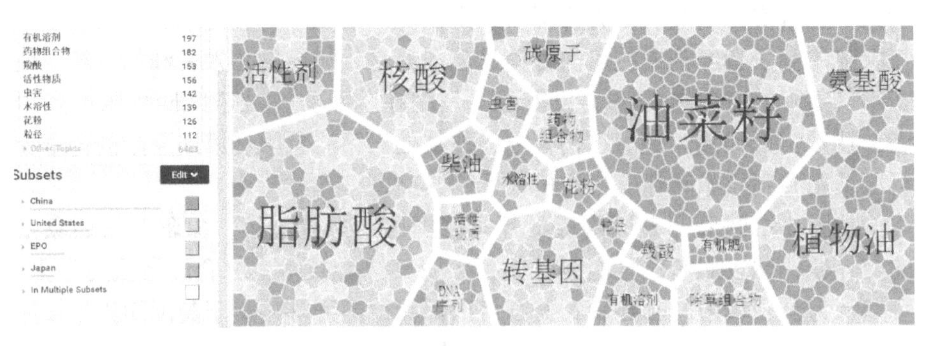

图 5-10　主要国家技术热点

（6）专利强度分析。“专利强度”是 Innography 的核心功能之一，它是专利价值判断的综合指标。专利强度受权利要求数量、引用与被引用次数、是否涉案、专利时间跨度、同族专利数量等因素影响，其强度的高低可反映出该专利的价值大小。通过 Innography 的专利强度分析功能，可快速从大量专利中筛选出核心专利，帮助判断技术领域的研发重点。Innography 将专利强度为 80%~100% 的专利划归为核心专利，专利强度为 30%~80%的专利划归重要专利，专利强度为 0%~30%的专利划归为一般专利。

图 5-11 反映了油菜产业专利强度分布。全球专利强度>80% 的核心专利共 931 件，占比仅 7.23%，<30%的专利共 5 580 件，占比高达 43.35%，由此看来，油菜产业一般专利较多，但核心专利缺乏。经计算，五大主要国家和地区的专利强度均值见表 5-11，美国遥遥领先，排名第 1，欧专局排名第 2。进一步分析核心专利和一般专利的占比发现，美国核心专利占比大幅领先其他国家，而一般专利占比则明显低于其他国家。中国核心专利和一般

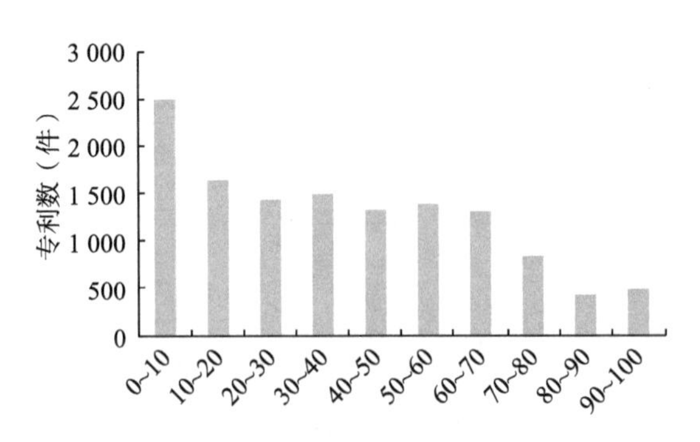

图 5-11　专利强度

专利占比表现虽落后于美国和欧专局，但均优于全球均值。当然，全球专利中中国占比达 32.92%，全球均值在一定程度上受中国影响较大，因此不能片面认为优于全球均值就意味着中国专利质量就较高。

为深入研究专利强度差异，我们分别选取这 5 个国家和地区专利强度得分最高的 10 件核心专利从被引、施引、权利要求 3 个维度进行分析。之所以选用这 3 个维度，是因为在 Innography 中，有两个特别的专利价值判断指标：即被引和施引，被引是专利被其他在后文献参考和引用，在通常情况下，专利越重要，被引证的次数就越多；施引是专利对其他在先文献的参考和引用，既反映出在后专利对在先技术的熟识与借鉴，也反映出在先技术对后续技术发展的启发价值；而权利要求是专利保护的实质内容，是专利的核心，也是确定专利保护范围的最直接要素，指标均值见表 5-5。

表 5-5　专利强度分析

国家/地区	专利强度	核心专利占比	一般专利占比	权利要求数	被引数	施引数
美国	61.93	31.47%	6.59%	64.5	22.7	114.2
欧专局	49.89	9.93%	4.92%	28.9	20.9	18.2
日本	36.35	2.31%	23.95%	36.4	3.1	5.0
中国	32.88	7.23%	32.17%	43.9	4.8	0.0

表 5-5 显示，美国 10 件核心专利强度的均值高达 61.93，排名第 1，其核心专利占比、权利要求数、被引数、施引数指标均大幅领先其他国家。中国一般专利占比偏高，是美国的 4.88 倍，被引数却仅为美国的 1/5，施引数更为 0，而美国该指标高达 114.2，由此可见，我国专利技术创新仍面临挑战，专利数量与质量不协调等难题亟待解决。

3. 结论与建议

通过对全球油菜产业相关专利的分析，得出如下结论。

（1）从油菜产业专利技术发展态势看。1998—2002 年为萌芽阶段，2003—2013 年为生长、成熟阶段，2013 年之后逐渐进入衰老阶段。由于中国油菜产业专利量在全球专利量中占比较高，在一定程度上决定了全球的发展趋势，因此其发展态势大致和全球趋同，而美国、欧专局、日本发展态势和全球趋势不尽相同，均较中国提前进入技术衰老期。

（2）从技术来源与应用看。美国、日本等国创新能力强，中国是其专利布局的重要目标市场，在全球专利布局方面，中国明显偏弱。

（3）从IPC看。油菜产业技术主要集中于C12N、A01N、A61K等小类，近年来，技术集中的小类存在变化，有些占比偏低的小类是近来研发热点。

（4）从创新机构看。美国陶氏杜邦和德国巴斯夫公司，是领域内的领导者，中国华南农业大学、华中农业大学、中国农业科学院油料所虽然引领国内油菜产业技术发展，但全球范围来看，只是该领域的技术加入者和跟随者，在技术创新方面有进一步提升的空间；从技术热点来看，中国的发明创新基本覆盖了全部技术热点，但有部分热点领域覆盖度还不足；从专利强度来看，美国遥遥领先，我国专利技术创新仍面临挑战，需进一步加大创新力度。

基于此，为中国油菜产业专利技术创新活动提出如下建议。

一是坚持政策扶持和战略引领，提升技术创新质量。

二是培育一批优势创新载体，创造一批高价值专利和专利组合，探索出一套符合油菜产业发展规律的高价值专利培育方法，示范引领全国创新能力的提升。

三是鼓励各地基于地区优势有针对性地进行技术创新和专利布局。

四是用好高校院所的研发资源和服务机构的服务资源，通过强化企业与高校院所合作，加强协同创新，在关键核心技术上取得重大突破，促进创新要素与生产要素在产业层面有机衔接。

五是依托高端知识产权服务机构的深度介入，加强产业发展态势和市场需求的信息分析，提高专利挖掘、布局和依法保护的能力，为油菜产业技术创新提供情报支撑。

三、蔬菜产业全球专利技术信息分析报告

蔬菜产业是我国农业农村发展的支柱产业，在保供给、促增收、促就业等方面发挥着不可替代的重要作用。我国是蔬菜生产和出口大国，是全球蔬菜市场的重要组成部分。目前蔬菜产量居种植业第一，播种面积居第二，仅次于谷物。随着我国城市化进程的推进，农村劳动力的减少，对于蔬菜这种劳动密集型产业，发展现代化生产，尽快实现蔬菜产业转型升级，将有助于提高我国农业的整体效能。

本研究基于Innography专利分析数据库，通过专利计量、专利引证、专利强度等多种专利挖掘分析方法，对蔬菜产业全球专利技术发展现状进行多角度分析，以期为我国蔬菜产业拓展创新思路，突破核心技术提供有用的竞

争情报。

1. 数据与方法

本研究运用 Innography 国际专利检索分析数据库，以（Fruits OR Vegetable OR Vegetables OR “Rootstalk Vegetable” OR “Vegetable Crops” OR “Vegetable Crop ”）NOT（“Vegetable Oil”）为检索词，检索时间截至 2016 年 12 月 31 日，检索专利为授权且有效的发明专利。经过数据筛选去重除杂后，得到有效专利数据 117 104 条。相关数据通过 Innography、Excel 软件进行组合统计分析。

2. 数据分析

（1）技术发展年度趋势分析。根据蔬菜产业全球和主要国家专利年度申请量绘制图 5-12。如图 5-12 所示，全球蔬菜产业技术发展大致经历 4 个阶段，具体为：2002 年之前处于技术萌芽期，该阶段申请量增长缓慢，俄罗斯、日本申请量占比较大；2002—2010 年，申请量虽有波动，但整体增长平稳，处于平稳增长期；2011—2014 年申请量呈现快速增长态势，2014 年达到高峰，期间中国申请量占比持续增大，2014 年占比更高达 67. 76%；2015 年后申请量逐步下滑，有进入技术衰退期的迹象。从年度趋势来看，俄罗斯、韩国与全球发展态势大致趋同，日本专利峰值出现在 2009 年，较全球更早进入快速成长期，中国专利峰值出现在 2015 年，晚于全球，2016 年申请量虽有小幅下滑，但总体稳定，目前尚未出现明显的技术衰退迹象。

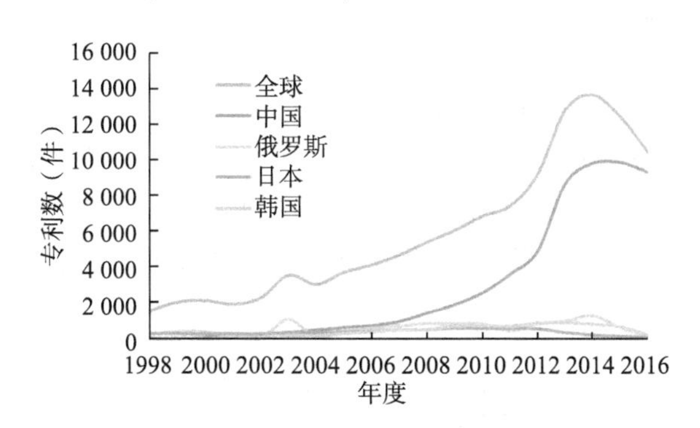

图 5-12　年度趋势（见书后彩插）

（2）技术来源国与应用国分析。根据发明人所在地即技术来源国、专利申请所在地即技术应用国绘制表 5-6。如表 5-6 所示，蔬菜产业专利技术集中度非常强，90. 16%的专利发明人来自前 10 位国家和地区，92. 67%的专利在前 10 位国家和地区申请。无论从技术来源国，还是从技术应用国来看，中国、俄罗斯、美国、韩国、日本均居前5，其主导了全球蔬菜产业的技术进步。有一个问题现象值得注意，即美国的技术来源数为 10 098 件，而技术应用数为 7 877 件，技术来源数明显大于技术应用数，技术来源数是技术应用数的1.28倍。而中国、日本、俄罗斯、韩国的技术来源数基本和技术应用数相差不大。这一现象表明，在全球布局方面，美国要大幅领先于其他国家，中国、日本等在全球专利布局方面明显偏弱。当然这种差距并不仅仅源自专利技术本身，还与专利整体数量与质量、专利运用能力、专利布局策略等息息相关。

表 5-6　技术来源国与应用国分析

序号	技术来源国或地区	申请量（件）	技术应用国或地区	申请量（件）
1	中国	54 726	中国	57 594
2	俄罗斯	11 183	俄罗斯	12 110
3	美国	10 098	韩国	8 875
4	韩国	8 792	日本	8 151
5	日本	8 556	美国	7 877
6	德国	3 965	欧专局	4 707
7	法国	3 438	澳大利亚	2 667
8	欧专局	1 430	加拿大	1 729
9	荷兰	1 188	德国	1 529

（3）IPC分析。IPC是目前国际上唯一通用的专利文献分类工具，它采用功能性为主、应用性为辅的五级分类原则，即部、大类、小类、大组和小组。专利数集中的IPC类组通常是技术研发的活跃区域篇。本研究采用IPC大组分析蔬菜产业的技术构成。蔬菜产业最集中的9个IPC及具体技术内容见表5-7。

表 5-7　主要 IPC 分析

IPC	技术主题	申请量（件）	主要研究内容
A23L1	食品制备	8 627	调味料、面条、果酱、冻干果蔬、果蔬粥、酵素等
A61K36	药物制剂	5 247	西药、中药、中成药、保健药、兽药、药酒、涂抹药剂、乳霜、膏药等
A01G9	温室培养	2 871	抗病抗寒、无性繁殖、栽培种植设备与方法、有机基质制备、营养土、种收系统、智能化检测系统等

（续表）

IPC	技术主题	申请量（件）	主要研究内容
A23L2	饮料制备	2 798	蔬菜汁、果蔬饮料、营养肽水、多肽饮料水、复合饮料、果蔬综合酵素饮品、乳酸菌饮品、保健饮品、素食全餐固体饮料、果蔬发酵型饮料、速溶固体饮料等
A01G1	栽培	2 782	立体栽培、无土栽培、生物组培、抗病高产增产栽培、嫁接、培育壮苗、抗寒育苗、有机种植、栽培、套种、间作共生的栽培、茬口轮作栽培、水旱轮作栽培、人工光源、物联网、大数据控制等
A61K8	化妆品制备	2 242	面膜、面霜、乳液、洗面奶、洗发液、保湿喷雾、唇膏、精华液、酵素爽肤水等
A01N43	杀生剂等	1 875	杀菌剂、农药组合物、生物农药、杀虫剂、抗病毒组合物、生长调节剂、抑菌制剂等
A23B7	保存	1 733	采后品质改良、防贮藏病害、防腐、保鲜装置、保鲜液、脱水、速冻、冷藏、腌制、烘干、罐头制备、抑制褐变、挖坑自动存储、不脱离栽培基质保鲜
A01D46	采摘装置	1 663	吸附夹持同步采摘、滚筒式采摘、机器人采摘、全自动采摘、智能收获、自走式采收、液压剪切摘取、太阳能供电采摘

检索发现，番茄、辣椒、白菜、黄瓜等大宗蔬菜在上述领域均有大量专利产生。但也有特例，即白菜在 A01D46 领域的专利少之又少。目前白菜采摘基本以人工为主，急需替代人工的机械化采摘技术。

一般认为辣椒、白菜在化妆品中鲜有涉及，但实际上，将辣椒提取物作为天然防腐剂用于护肤品，将辣椒红色素作为天然着色剂用于唇膏，将白菜提取物用于祛斑霜、美白液、抗衰老霜、面膜等，已有多项发明提出。

近年来，蔬菜产业研究内容趋于多元化，且交叉渗透，例如专利“一种智能化蔬菜大棚用远程控制喷灌装置”，集成 A01G、H02J 技术，采用通信装置获取大棚温度和湿度变化情况，通过远程控制器控制水泵和喷洒装置进行集中灌溉；专利“一种富硒蒜苗无土栽培方法”，集成 A01G、C05B、C05D 技术，建立栽培沟槽，无土栽培施用的是无机肥料，符合绿色种植的要求；专利“一种人工光源培育蔬菜的装置和方法”集成 A01G、F03D、H02J、G05D 技术，提出了在如岛礁、兵站哨所、其他孤立工作点等远离社区、交通不便、没有电源等恶劣条件下可以使用的人工光源蔬菜栽培方法，尝试解决这些地区工作人员难以吃到新鲜蔬菜的难题。

（4）技术热点分析。文本聚类是对文本信息进行有效组织、摘要和导航的重要手段。Innography 的文本聚类功能可以根据词频快速提炼技术点。经反复检索，剔除不相关或相关度低的热词，包括 vegetable；fruit and vegetable；fruit and vegetables；Fruit Tree；benefical effects；side wall；simple structure；raw materials；following steps；right side；main body；cover bag；beneficial effects；DEG C；melon and fruit 等，得出蔬菜产业专利技术图景，见图 5-13。图景中出现的关键热点词语是实施专利保护核心所在，围绕这些核心，各国和各大公司申请了大量相关专利，形成了庞大专利保护网。技术图景中白色边界内的区域代表技术点，面积越大，代表技术点下的专利量越多。

如图 5-13 所示，技术热点涉及播种、育苗、温室栽培、植保、采收、清洗、保鲜、储存、产后加工等各个环节，覆盖蔬菜全产业链。众所周知，蔬菜种植是一项劳动强度大、作业要求繁琐、劳动力成本高的田间劳作，尤其在采收环节更为明显。输送带、旋转轴、底盘、收割机等热点词语的出现，表明科研人员在提升蔬菜生产机械化程度方面取得了新的研究进展。值得一提的是，随着栽培技术的不断进步，蔬菜生长期越来越短，环境污染的加剧，导致蔬菜病虫害越来越重。与此同时，社会对蔬菜农产品质量安全关注度日益提高，对农药残留指标零容忍。农药残留和环保等热词的出现，正顺应了蔬菜生产追求绿色、可持续的发展要求。安全高效低成本的病虫害防治、农药残留快速检测、测土配方施肥等关键技术的研发力度正在逐年加大。

图 5-13　主要技术热点分布

热点词语泡菜的专利主要来自韩国，这和众所周知的饮食习惯息息相关。检索发现，中国发明创新涵盖了绝大部分技术热点，但在播种、种植两个技术热点并无优势，在“黑辣椒”技术热点甚至还存在盲区。可能的原因是我国蔬菜种类多，茬口多，蔬菜园区分散，加之地区间种植习惯差异较大，导致蔬菜种植从整地、播种到移栽都缺少统一的种植规范，技术创新受到制约。黑辣椒在我国四川、湖南、湖北等地虽有种植，但普遍量少，随着我国居民饮食习惯的变化，黑辣椒方面的技术创新有增多的可能。

（5）主要创新机构分析。Innography 的专利申请人气泡分析图能直观体现专利申请人之间技术差距和综合经济实力。图 5-14 中气泡大小代表专利多少，横坐标代表技术能力，纵坐标经济实力。处于第一象限的创新机构，技术实力和经济实力都很强，是领域的领导者；与之相对处于第三象限的创新机构，经济或技术实力稍显薄弱，是领域的仿效者和加入者；处于第二象限的创新机构，经济实力很强，是潜在购买方，处于第四象限的创新机构，技术实力很强，是潜在销售方。处于第二象限和第四象限的创新机构可以采用专利技术转让等合作模式达到共赢。

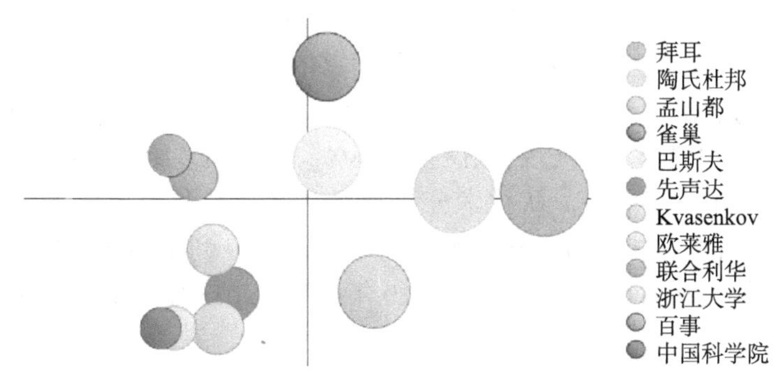

图 5-14　主要创新机构（见书后彩插）

如图 5-14 所示，排名前 12 的创新机构情况如下。

① 德国拜耳、美国陶氏杜邦、瑞士雀巢、德国巴斯夫基本处于第一象限，可以认为是蔬菜产业的领导者。拜耳、陶氏杜邦、巴斯夫的农化产品，例如对付蔬菜白粉、灰霉、霜霉的杀菌药、内吸性杀虫剂等，雀巢的蔬菜食品，例如蔬菜米粉等，均在全球得到广泛推广应用。荷兰联合利华和美国百事，处于第二象限的，是潜在购买方。两家公司在蔬菜食品、蔬菜饮料方面的创新成果，推进了蔬菜产业链的延伸和快速发展。

② 瑞士农化巨头先正达、法国欧莱雅处于第三象限，较第一梯队虽稍显弱势。但先正达在蔬菜杀菌剂，欧莱雅在蔬菜提取物用于日化产品等方面取得的积极进展令人瞩目。处于第四象限的美国孟山都，是全球蔬菜种子领先生产商，拥有 20 多类 2 000 多种田间蔬菜种子产品，满足全球各地消费者的消费喜好和生产要求。

③ 排名前 12 的创新机构中，中国有 2 家上榜，即浙江大学和中国科学院，分别位居第 10 和第 12，在引领全球蔬菜产业技术创新中占有一席之

地。但两者同处第三象限，只是该领域的技术加入者和跟随者，在自主创新方面有待进一步提升。

（6）专利强度分析。Innography 通过专利诉讼、专利引用和被引用数、同族专利数、专利权利要求数等指标来表征专利价值。将专利强度为 80%～100% 的专利归为核心专利，30%～80%归为重要专利，0%～30%归为一般专利。如图 5-15 所示，专利强度大于 80% 的核心专利占比仅 2.28%，小于 30%的专利占比竟高达 67.58%，可见蔬菜产业一般专利较多，而核心专利却严重缺乏。

进一步对专利强度大于 90 的 1 619 件专利分析发现，其产生年份集中于 2003—2013 年间，峰值出现在 2006 年，2009 年后呈逐年走低态势。从发明人地域分布来看，专利数位列前五的国家依次是：美国（ 1 056 件）、德国（116 件）、法国（67 件）、日本（44 件）、英国（44 件），美国占比高达 76.22%，中国为 28 件，占比仅为 1.73%，与美国差距非常明显，在核心专利方面没有任何优势。从技术分布来看，核心专利主要集中于 A23L1、A61K8、A61K9、C12N15、A01H5 等领域。美国专利 US8961171B2 强度最高，该发明涉及一种蔬菜榨汁机，2010 年申请，2013 年已实现转让。

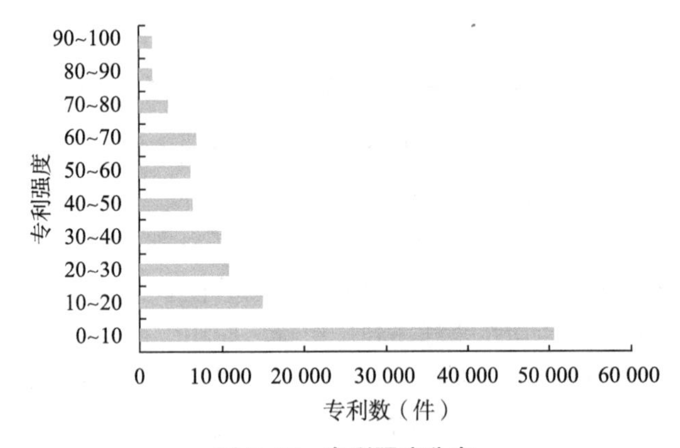

图 5-15　专利强度分布

3. 结论与建议

2015 年后全球蔬菜产业专利技术发展已相对成熟，有进入技术衰退期的迹象。该产业一般专利居多，核心专利严重缺乏，技术研发主要集中于 A23L1、A61K36、A01G9 等 IPC 大组，研究内容近年来趋于多元化，且交叉渗透。中国在专利布局和核心专利拥有量方面，与美国差距明显；在技术热点方面，中国已做到大范围覆盖，但在播种、种植等热点并不具优势；浙江大学、中国科学院引领国内技术创新，但从全球范围看，只是技术加入者和跟随者，尚需进一步提升创新能力。

基于此，提出如下建议：一是多途径促进蔬菜产业专利申请、实施和保护，注重专利质量提升和专利海外布局，努力抢占技术制高点。二是积极推动协同创新，强化产学研合作，加快提高产业科技含量。三是加快专业化蔬菜基地建设，突出区域特色，实施品牌战略，加强无公害种植，提高经济效益。四是健全技术服务体系，强化蔬菜新技术、新品种试验、示范和推广应用，推进科技成果转化落地生根。五是发挥合作社、协会纽带作用，建立信息化服务网络，提高进入市场的组织化程度。六是完善产业链条，推进蔬菜产业向区域化布局、规模化生产、产业化经营、专业化服务的方向发展。

四、我国秸秆资源化利用专利技术信息分析报告

我国作为农业大国，每年可生成 7 亿多吨秸秆。由于秸秆综合资源化利用产业化和规模化程度偏低，秸秆收集储运体系尚不健全，加之受传统种植观念和习惯等因素影响，农民对环境保护和农业可持续发展的意识不强，导致秸秆焚烧问题屡禁不止。为扭转困局，中央一号文件连续多年发文加强秸秆综合利用。2015 年中央一号文件中，再次明确提出加强农业面源污染治理，开展秸秆资源化利用。提高农作物秸秆的资源化利用率，充分发挥秸秆的经济价值，对于破解秸秆焚烧难题，减轻污染，节约资源，增加农民收入，加快建设资源节约型和环境友好型社会，具有十分重要的意义。

目前，国内有学者从不同侧面对秸秆资源化利用进行了分析研究。方放等明确了黄淮海地区各类农作物秸秆资源分布和利用现状，杨增玲等总结出秸秆饲料化集成技术的多种模式，刘欢瑶等分析了我国中南地区农业秸秆 3 种主要处理方式（留茬、秸秆焚烧和秸秆还田）的空间分布，王双磊等分析了棉花秸秆的还田潜力。而从专利层面分析秸秆资源化利用领域的创新发展却鲜见。本研究以该领域授权发明专利为研究对象，从技术发展年度趋势、技术集中度、重要专利权人及其关注技术、核心专利等多个维度，对我国秸秆资源化利用技术发展现状进行分析，以期为该领域技术发展及知识产权战略布局提供情报支撑。

1. 数据与方法

本研究专利数据源自国家知识产权局数据库，通过专利检索与分析数据

库进行检索。专利检索类型限定为授权发明专利，检索日期以专利公告日为准，截至 2015 年 12 月 31 日。

由于 IPC 主分类号中没有为秸秆设置专门的分类号，因此以“秸秆”为检索词，检索式设定为 GKRQ：（［198801 TO 201512］）（秸秆）。为保证得到全面准确的检索结果，采用查全率来验证检索词设定的准确性。

查全率计算：

设 S 为待验证的待评估查全专利文献集合，P 为查全样本专利文献集合，则查全率 r 可定义如下：

$$r = \mathrm{num}(P \cap S) / \mathrm{num}(P) \qquad \text{式 (5-1)}$$

基于重要申请人来构建查全样本专利集合是常用办法之一。经检索发现，中国科学院过程工程研究所是领域内最重要的申请人，因此以该申请人构建查全样本。

首先以“秸秆”为检索词进行检索，其次以“中国科学院过程工程研究所”作为申请入口，进行二次检索，获得专利 63 件，最后以“中国科学院过程工程研究所”作为申请人入口，直接在数据库中检索，通过人工阅读、清理，获得相关专利 67 件，将相关数据代入上面的公式中，得到查全率为：

$$(63/67) \times 100 = 94.03\%$$

由此可判断检索词设定基本准确。

2. 数据分析

（1）技术发展趋势分析。经检索，得到 4 405 个有效数据。该领域首件专利产生于 1988 年，图 5-16 描述了 1988—2015 年历年发明专利授权量情况。从时间维度来看，授权量呈现出一定的阶段性特征，大致可以分为 4 个阶段。

1988—1999 年为萌芽期。自 1988 年出现第一件专利以来，在随后的 10 年间，每年的专利授权量均不超过 5 件，参与秸秆资源化利用技术研究和市场开发的专利权人非常少，技术发展走向和市场前景尚不明确，该阶段尚属于技术引入和摸索阶段。

2000—2003 年为推动期。这一时期的专利授权量增长平稳，授权量的增长主要来自以秸秆为原料制备包装材料、育苗容器、肥料等方面的贡献。西北农业大学、山东农业大学、中国科学院化工研究所等专利权人成为该领域技术发展的主要推动力量。不过，由于技术发展的阶段性和专利意识尚未普遍形成，这一阶段的专利授权量虽较之前有明显提高，但数量仍然不多，涉足该领域的专利权人也不多。

2004—2008 年为上升期。2004 年，中央一号文件中首次提出因地制宜

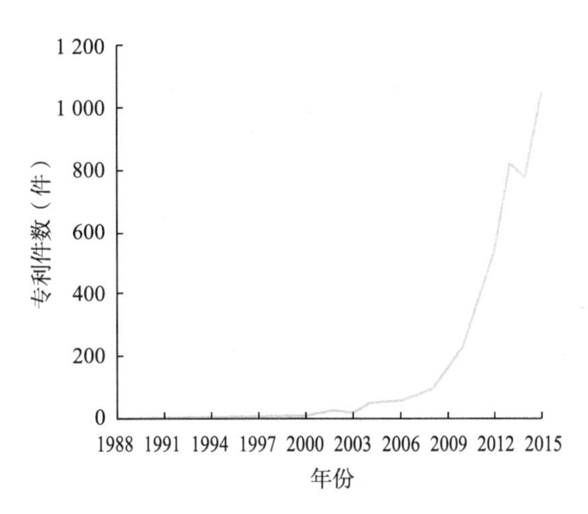

图 5-16　年度趋势

开展秸秆气化等各种小型设施建设。随后数年间，政府又相继出台多项政策措施，在技术支持、产业发展和应用管理方面力促秸秆资源化利用。受此影响，这一阶段的技术活跃度大大提高，专利授权量快速增长，年均增长率达到 17.68%，技术发展在这一时期已逐渐成形，技术拥有者主要分布于北京、江苏等技术发达地区。

2009 年至今为发展期。在我国实施农业可持续发展战略的大背景下，从 2009 年开始，该领域专利授权量出现了快速增长，年增长率达到 37.2%，除了高校和科研院所之外，这期间陆续有上海康拜环保科技有限公司、东丽纤维研究所（中国）有限公司、安徽丰原发酵技术工程研究有限公司等一批技术先进的公司涉足该领域。从图 5-16 可看出，拐点出现在 2014 年，授权量在这一年出现了下滑，但在随后的 2015 年，授权量再次大幅增长，为 1 047 件，达到峰值。由此可以认为授权量在 2014 年的小幅下滑属正常波动，并未形成趋势性下降态势，市场需求没有萎缩，仍然处于快速发展期。

（2）技术集中度分析。IPC 是目前国际上唯一通用的专利文献分类工具，它采用功能性为主、应用性为辅的五级分类原则，即部、大类、小类、大组和小组。本研究采用 IPC 小类进行分类统计。通常来说，专利数集中的 IPC 类组是技术研发的活跃区域，是行业创新热点。

表 5-8 显示了授权量较为集中的 10 个 IPC 小类，其授权量之和占总授权量的 83.9%，其中排名第一的 C05G 授权总量为 621 件，占

比 14.1%。

表 5-8　主要 IPC 专利数

序号	IPC 小类	技术主题	专利件数（件）
1	C05G	肥料中的混合物	621
2	C05F	用废弃物制成的肥料	607
3	A01G	蔬菜、稻、花卉等的栽培	495
4	A23K	动物喂养饲料及生产方法	370
5	C12P	发酵或使用酶的方法合成目标化合物	317
6	C12R	与微生物相关	301
7	C12N	微生物或酶及其组合物	281
8	C04B	砂浆、混凝土等建筑材料	237
9	C08L	高分子化合物的组合物	236
10	C02F	水、废水等的处理	235

图 5-17 显示了位居前五位的重要技术分支的发展趋势。由于 2004 年前各分支授权量均在 10 件以下，统计数据从 2004 年开始，从图 5-17 可见，2009—2011 年，各小类年授权量虽有波动，但整体基本保持稳步上升态势。2012 年情况开始出现分化，A01G 在这一年停止了增长，出现了小幅调整，但在随后的 2013 年，其授权量出现了快速增长，2014 年授权量继续保持稳定，2015 年授权量又拐头向上。A23K 在 2012 年后的发展轨迹大致和 A01G 相同，整体均呈平稳发展态势。C05F 和 C12P 在 2011 年后的发展轨迹也大

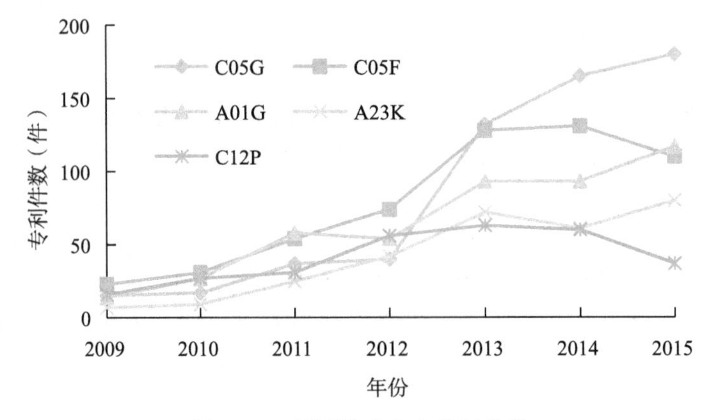

图 5-17　重要技术分支发展趋势

致趋同，这两个小类均在2014年停止了增长，且出现了下滑，并将下滑势头延续至了2015年。两者在大轨迹趋同的基础上，也存在差异，具体来说，C05F在2013年授权量的增长幅度要明显大于C12P，而在2015年的下降幅度却明显小于C12P。

值得一提的是C05G，在经过2012年的小幅增长后，其授权量在2013年出现爆发性增长，授权量是2012年的3.3倍，并且在2014年和2015年仍保持着高位增长态势。由此可初步认为，C05G保持着较高的研发活跃度，处于高速发展期，A23K、A01G则处于平稳发展期，虽技术已经相对成熟，但仍然保持了相当规模的专利授权量，推动着产业的向更高方向发展，而C05F和C12P有进入技术衰退期的迹象。

（3）主要专利权人分析。

① 重要专利权人。专利权人是专利的拥有者，是技术的掌握者。通过对专利权人持有专利数量的统计，可以识别领域内的优势单位。表5-9显示，授权量前十位的专利权人全部为高校和科研院所，其中大学为主导力量，占据9位。

授权量高居第1位的为中国科学院过程工程研究所，授权数为67件，该专利权人从2002年起步后，始终在该领域持续保持着较高的研发活跃度，引领行业技术创新。

西北农林科技大学起步最早，2008年前其授权量处于领先地位，2008年后授权量不多，尤其是2012年后，授权量均不大于1件，表明该专利权人已大幅降低对该领域的关注。

中国农业大学、浙江大学、南京林业大学基本是从2004年后开始发展起来的，虽起步较晚，但近几年其授权量表现出比其他专利权人更强的增长率，中国农业大学在2012年和2013年连续2年授权量排名第一，而浙江大学在2014年授权量跃升至第一位，南京林业大学则在2015年授权量排名第一，也表现出较为强劲的研发实力。

排名前十位的专利权人中没有企业，但主要专利权人大多和企业通过合作申请专利的方式建立了产学研合作关系。检索发现，中国科学院过程工程研究所与松原来禾化学有限公司合作申请了5件专利，南京林业大学分别与南京济德环境科技有限公司、沭阳祥泰生物质能源科技有限公司等合作申请了4件专利，浙江大学则与北京中环联合环境工程有限公司、国能生物发电集团有限公司等合作申请了3件专利。合作申请专利是申请主体之间合作创新成果的直接体现，是衡量科研合作与产出的最直接有效的指标。

虽然主要专利权人大多和企业合作申请了专利，但专利数量还不多，合作深度和广度尚有较大提升空间。专利实施是专利价值实现的重要环节。专利实施是专利价值实现的基本方式，高校科院院所应加大与企业的合作力度，共同推动发明创造转变为现实生产力。

② 重要专利权人关注技术。重要专利权人所关注的技术与行业技术发展趋势密切相关，伴随着某一技术的兴起和衰退，重要专利权人在某一技术分支的专利申请活跃度也呈现相应的变化。从表 5-9 可看出，各重要专利权人普遍注重技术积累，关注技术有共同之处，也存在差异。中国科学院过程工程研究所等专利权人集中于某些领域的重点突破，而中国农业大学、浙江大学等专利权人等关注技术分支较多，善于开辟新的技术领域。

表 5-9　主要专利权人关注技术

排名	专利权人	专利数（件）	关注技术
1	中国科学院过程工程研究所	67	①发酵酶解，变性秸秆材料；②制备氢气、微生物油脂、还原糖、乙酰丙酸、丙酮丁醇、酒精、高蛋白饲料、生物汽油；③对秸秆微波干、半干、真空水热清洁预处理
2	中国农业大学	58	①制备培养基料、氢气、有机肥、有机营养液、乙醇、微生物菌剂、吸附剂、酶；②秸秆覆盖地免耕播种装置，秸秆压缩、捡拾、铡切、成型、导向探测装置，制粒机；③去除半纤维素；④测试秸秆拉伸特性
3	南京林业大学	42	①制备秸秆炭、秸秆醋液、秸秆纤维、刨花板、花盆、微生物菌剂、组合式墙体、多层板、中密度纤维板、复合材料；②提高秸秆纤维板表面密度；③改善农作物秸秆与脲醛树脂界面胶合性能；④酯化改性
4	西北农林科技大学	36	①秸秆茎叶分离、皮髓分离装置，秸秆粉碎覆盖免耕播种装置；②制备木质素和半纤维素、土壤扩蓄增容剂、环保纸膜、活性炭、土壤保水保肥剂、有机基质、水溶性腐殖酸肥料
5	东北林业大学	35	①制备刨花板、胶合板、微纳米纤维素、纳米纤维素复合膜、复合地板基材、木塑复合材料、阻燃碎料板、木质纤维素泡沫材料；②聚乙烯-秸秆复合材料的预热式热压制造方法和装置；③全自动收集粉碎致密成型联合机
6	浙江大学	32	①制备墙体材料、复合酶兼益生菌制剂、缓释肥、吸附剂、聚合木、漆酶、植生板、发泡材料；②秸秆进料装置，稻麦收割与秸秆炭化还田一体化装置，堆垛多点温湿度报警装置；③低温合成碳化硅；④秸秆燃烧烟气处理、还田快腐处理

（续表）

排名	专利权人	专利数（件）	关注技术
7	上海交通大学	31	①制备菌肥、木塑复合材料、沼气、有机肥、燃料乙醇、活性碳、复合吸附剂；②降解放线菌及其应用；③测试玉米秸秆氧弹热值；④秸秆全量还田覆盖
8	华南理工大学	28	①制备醋酸纤维素、吸附剂、半纤维素、木质素聚氨酯、木质纤维衍生物、隔热吸声材料、木塑复合材料、植物纤维填料；②改性秸秆半纤维素；③离子液体预处理；④秸秆细胞壁定量分离
9	河南农业大学	25	①制备氢、沼气、燃料乙醇、防水卷材、育苗基质、有机无机复合肥；②复合酶解；③秸秆湿储存装置，皮瓤叶分离机，气肥联产装置，预处理反应罐、拔根装置，成型装置，厌氧发酵装置
10	山东大学	25	①制备水肥控释剂、槐糖脂、活性炭、轻质陶粒、吸附剂、吸水性树脂、饲料添加剂；②秸秆厌氧发酵装置，秸秆即时联合收集成型机

（4）核心专利分析。专利的被引情况是衡量技术重要程度和专利权人竞争实力的一个重要指标。被引专利一般在产业链中所处位置较为关键，是竞争对手不能回避的，一定程度上反映了其在某领域研发中的基础性、引导性作用。研究分析重要专利权人的被引专利，大致可判断领域内的核心专利。对前2位重要专利权人的被引专利检索后发现，共有10件专利被引用，其中中国科学院过程工程研究所有7件，拥有的被引专利项最多，中国农业大学有3件专利被引用，表5-10显示了这10件专利的授权年度、引用情况及技术功效。

表5-10 核心专利

序号	被引专利名称	技术功效	授权年度	引用专利号/所属国家或组织
1	利用秸秆预处理和酶解工艺使秸秆纤维素完全酶解的方法	处理后的秸秆，其纤维素的酶解率可达到100%	2006	DE102011083362A1/德国
2	蒸汽爆破与碱性双氧水氧化耦合处理秸秆的方法	提高秸秆中纤维素含量，酶解液糖浓度可达100g/L以上	2010	ITRM20090290A1/意大利

（续表）

序号	被引专利名称	技术功效	授权年度	引用专利号/所属国家或组织
3	汽爆秸秆半纤维素水解液发酵制备微生物油脂的方法	解决汽爆秸秆中半纤维素降解产物利用问题	2010	EP2468875A1/欧专局
4	苯酚选择性液化木质纤维素的方法	实现纤维素、木质素、半纤维素的分离	2010	US9127402B2/美国
5	一种强化秸秆纤维素的酶解发酵方法	大幅提高汽爆秸秆糖化、发酵反应速度	2011	CN103710394A/中国
6	一种去除生物质原料中半纤维素的方法	加速半纤维素的降解速率，减少副产物糠醛的生成	2011	US9085735B2/美国
7	一种利用漆酶协同纤维素酶提高汽爆秸秆酶解效率的方法	大幅提高汽爆秸秆酶解发酵效率，并减少纤维素酶的用量	2012	EP2559768A1/欧专局 WO2014146713A1/世知组织
8	一种微波加热催化农作物废弃物快速液化的方法	实现对农作物废弃物的快速液化，液化率达到90%以上	2012	US8022257B2/美国、WO2011028645A1/世知组织
9	一种汽爆秸秆木糖发酵丙酮丁醇及提取剩余物的方法	秸秆中的纤维素、半纤维和木质素实现分级转化	2013	WO2012100375A1/世知组织
10	一种用于秸秆拉伸特性的测试装置	适应不同类型秸秆的拉伸特性测试	2015	CN103760019A/中国

3. 结论与建议

通过分析得到如下结论。

（1）秸秆资源化利用技术近30年呈现从无到有、发展迅猛的态势，在经历了技术萌芽期、推动期和上升期后，目前该领域技术已处于发展期，并延续着较高的技术活跃度。

（2）该领域技术主要集中在C05F、C05G等IPC小类中，其中C05G保持着较高的研发活跃度，A23K、A01G处于技术发展平稳期，而C05F和

C12P 有进入技术衰退期的迹象。

（3）该领域技术优势单位集中于高校和科研院所，其中中国科学院过程工程研究所始终在该领域持续保持着较高的研发活跃度，中国农业大学、浙江大学、南京林业大学也表现出较为强劲的研发实力。秸秆变性处理，发酵酶解，制备肥料、氢气、微生物油脂、乙醇，创制秸秆厌氧发酵装置、成型装置、还田装置等技术是主要专利权人最为关注的技术。该领域核心专利主要技术功效为加速半纤维素的降解速率，提高纤维素含量，实现纤维素、半纤维和木质素分级转化等。

基于上述结论提出如下建议。

作为企业应充分利用高校和科研单位的技术优势，加强对核心专利的深入研究，并围绕核心专利不断进行应用性开发研究，同时通过申请一批外围专利，进一步覆盖技术领域，在市场竞争中赢得主动权；作为政府应充分重视知识存量对创新发展的推动作用，强化企业在创新活动中的基础性作用，推进企业与高校和科研单位的合作，助推秸秆资源化利用产业提档升级。

五、我国棉花生产机械化技术专利信息分析报告

棉花是世界上重要的经济作物，在中国和世界经济发展中占据重要地位。我国是世界最大的棉花生产国，同时又是最大的消费国，棉花年总产量约占世界总产量的 25%。2017 年，全国棉花播种面积为 4 844.5 万亩，约占世界种植面积的 15%。中国种植业生产中产业链最长的大田经济作物就是棉花，其商品率高达 95%以上。中国棉花种植以新疆、黄河流域、长江流域为主，其中新疆棉花产量占全国产量的 67%，已形成规模化和机械化种植，而长江、黄河流域仍以小规模种植为主，无法形成规模化种植和机械化生产。棉花种植业是一个劳动密集型产业，棉花种植和生产的整个过程需要大量的人力资源和体力劳动。随着农村劳动力的急剧下降和人力成本的增加，棉花产业发展进入了瓶颈期。机械化是棉花生产节本增收、实现棉花产业可持续发展的重要途径。

目前，国内有学者从不同侧面对棉产业进行了分析研究。胡少华认为棉花产出增长直接得益于技术进步、农田水利设施的改善及肥料投入的增加，制度和人力资本因素的改善是棉花产出增长的间接源，区域布局结构调整是产出增长的第 3 个源泉。刘孝峰针对河南省棉花生产持续下滑的局面，提出应加大模式创新、技术创新、机械创新和机制创新，改传统的麦棉两熟套种

为多熟高效套种；改麦套春棉为春育夏栽麦棉连作，改人工移栽管理为机械化移栽管理。喻树迅认为棉花生产过程中的品种选育、种植模式、栽培农艺、棉花加工流通及棉花质量标准等各个环节共同发展是推进机采棉技术、提高棉花机收水平的必要保障。要想稳定国内棉花面积和产量，就必须提高棉花生产的机械化水平，特别是采收环节的机械化水平。但从专利层面分析棉花生产机械化技术创新发展的文献却鲜见。本研究以该领域专利信息为研究对象，从技术发展年度趋势、技术集中度、重要专利权人及其关注技术等多个维度，对我国棉花生产机械化技术发展现状进行分析，以期为该领域创新发展及专利布局提供情报支撑。

1. 数据来源

本研究专利数据源自壹专利智能情报分析数据库。检索关键词：棉花+机械。经过检索和数据清洗，共得出有效专利数据 940 件。检索日期为 2018 年 12 月 10 日。

2. 结果与分析

（1）技术发展趋势分析。该领域首件专利产生于 1991 年，但 1992—1998 年均未有专利产出，因此图 5-18 从 1999 年开始绘制，描述了 1999—2018 年历年发明专利申请量情况。从时间维度来看，申请量呈现出一定的阶段性特征，大致可以分为四个阶段。

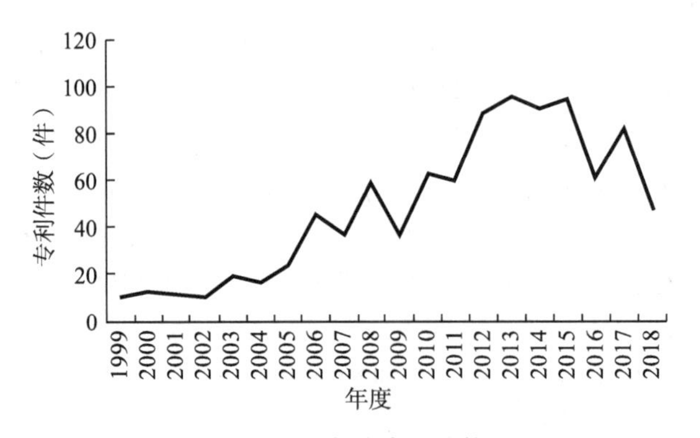

图 5-18　年度发展趋势

1999—2004 年为技术萌芽期。该阶段，每年的专利申请量均不超过 20 件，参与研发的专利权人较少，技术发展走向和市场前景尚不明确，该阶段尚属于技术引入和摸索阶段。

2005—2009 年为技术推动期。这一时期的专利申请量增长平稳，陆续有一些专利权人开始涉足该领域，不过，由于技术发展的阶段性和专利意识尚未普遍形成，这一阶段的专利申请量虽较之前有明显提高，但数量仍然不多，涉足该领域的专利权人也不算多。

2010—2015 年为技术快速发展期，这一阶段，技术活跃度大大提高，进入该领域的专利权人大大增加，专利申请量快速增长，2013 年达到 96 件，为历年峰值，2015 年专利申请量也达到 95 件，仅次于 2013 年，技术发展在这一时期已逐渐成形，技术拥有者主要分布于北京、江苏、新疆等技术发达地区和棉花主产区。

2016 年至今为技术平稳期。这一阶段，技术已经相对成熟，从图 5-19 可看出，拐点出现在 2016 年，申请量在这一年出现了下滑，但在随后的 2017 年，申请量又呈现一定幅度增长，2018 年再次出现下滑，是否形成趋势性下降态势，还有待进一步观察。

（2）专利类别分析。如图 5-19 所示，该领域发明专利 384 件，占比 41%，实用新型专利 541 件，占比 57%，外观设计专利 15 件，占比 2%。实用新型专利是发明专利的 1.41 倍。有个现象值得注意，即 2017 年和 2018 年，发明专利的申请量均大于实用新型专利申请量，可能的原因专利数量稳中有进基础上，发明人更加注重专利质量的提升。

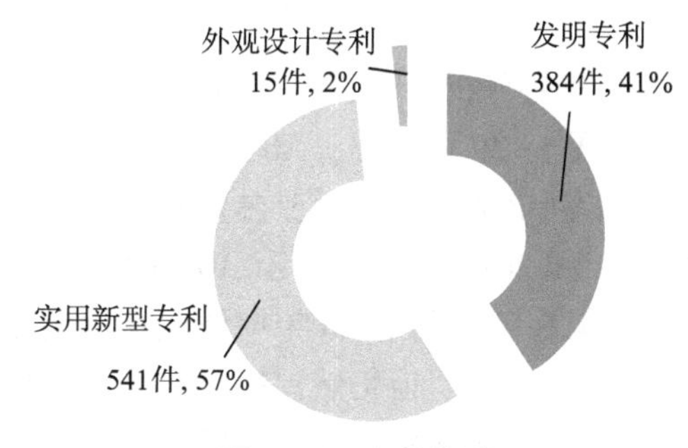

图 5-19　专利类别

（3）技术集中度分析。IPC 是目前国际上唯一通用的专利文献分类工具，它采用功能性为主、应用性为辅的五级分类原则，即部、大类、小类、大组和小组，通常来说，专利数集中的 IPC 类组是技术研发的活跃区域，是行业创新热点。本研究采用 IPC 小类进行分类统计。表 5-11 显示了申请量较为集中的 14 个 IPC 小类，其申请量之和占总申请量的 57.4%，其中排名第一的 A01D46 申请量为 220 件，占比 23.4%。

表 5-11 主要 IPC

序号	IPC 小类	技术主题	专利件数（件）
1	A01D46	采摘	220
2	A01C7	播种、施肥、除草	73
3	D01B1	剥壳清杂	47
4	D01G9	籽棉清理	31
5	A01G1	栽培	30
6	A01D45	棉秆收割、粉碎	28
7	A01G3	打顶	19
8	A01C11	秧苗移栽、育苗	16
9	A01M7	施药	16
10	A01G13	覆膜、地膜回收	15
11	D01B9	籽棉清杂	13
12	A01G9	育苗制钵	12
13	A01B49	起垄、开沟、耕整	10
14	A01C1	棉种脱绒	10

（4）重点技术发展趋势分析。图 5-20 显示了居前三位的重要技术分支近十年的发展趋势。由图 5-20 可看出，A01D46、A01C7、D01B1 发展态势存在差异，A01D46 的专利申请量峰值出现在 2014 年，而 A01C7、D01B1 的峰值分别出现在 2013 年和 2011 年，要早于 A01D46。A01D46 在 2015 年申请量出现了大幅下滑，但在随后的 2016 年申请量又出现了快速提升，虽然 2017 年和 2018 年呈现波动态势，但仍然保持了一定规模的专利申请量，研发活跃度较强，可以认为技术发展尚处于平稳期。A01C7、D01B1 自 2013 年后发展轨迹大体相似，专利申请量不多，呈下降态势，研发活跃度降低，有进入技术衰退期的迹象。值得一提的是，图中未列的 A01M7，该小类在 2018 年申请量增长迅速，申请量仅次于 A01D46。A01M7 技术主题为施药，申请量的增多表明植保环节受到了专利权人更多关注。如河北康稼园植保科技有限公司提出了一种可调节式的机采棉专用高效喷雾机，试图克服现有技术缺陷，对棉花常见的红白蜘蛛、棉铃虫等病虫害给予有效防治。

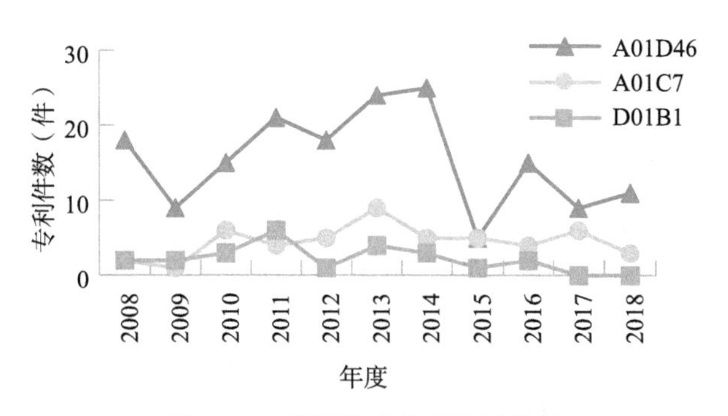

图 5-20　重要技术分支发展趋势

（5）主要发明人分析。发明人是技术创新的源泉，对发明人进行分析能够发现该领域有重要影响力的研发人员。排名前十的发明人见表 5-12。在前十大的发明人中，除 1 人为个人外，其余 9 位中只有 1 位所属机构为企业，其余均为研究机构或高校。排名第 1、第 2、第 3 和第 9 的 4 位发明人所属机构均为农业农村部南京农业机械化研究所，排名第 6、第 8 的 2 位发明人所属机构均为新疆农业科学院农业机械化研究所，表明这 2 家机构发明人集中度较高，研发活力较强，研发实力雄厚。前十大的发明人专利申请量为 148 件，占比 15.7%。

表 5-12　主要发明人

序号	发明人	专利数（件）	所属机构
1	石磊	21	农业农村部南京农业机械化研究所
2	张玉同	20	农业农村部南京农业机械化研究所
3	陈长林	18	农业农村部南京农业机械化研究所
4	吴和平	14	常州市胜比特机械配件厂
5	周潘玉	13	无
6	蒋永新	13	新疆农业科学院 农业机械化研究所
7	赵洁	13	上海出入境检验检疫局工业品与 原材料检测技术中心
8	陈发	13	新疆农业科学院 农业机械化研究所
9	孙勇飞	12	农业农村部南京农业机械化研究所
10	王磊	11	石河子大学

（6）重要专利权人分析。

① 重要专利权人。专利权人是专利的拥有者，是技术的掌握者。通过对专利权人持有专利数量的统计，可以识别领域内的优势单位。表 5-13 显示，申请量前 10 位的专利权人中，科研单位和高校占据 7 位，企业占据 2 位，1 位是个人，表明该领域具有技术竞争力的企业和个人较少，科研单位和高校在产业创新链中发挥着重要作用，引领行业技术进步。

申请量排名第 1 的农业农村部南京农业机械化研究所申请量为 21 件，自 2012 年后，该专利权人始终在该领域持续保持着较高的研发活跃度。排名第 2 的石河子大学在该领域起步较早，首件专利产生于 2002 年，从 2002—2018 年，持续有专利持续产出，保持了一定的研发热度。排名第 7 的新疆农业科学院农业机械化研究所，在 2005—2013 年间均有一定的专利申请量，但之后均没有专利产出，表明该专利权人已经取消了对该领域的技术关注。新疆农垦科学院、中国农业科学院棉花研究所、中国农业大学虽然专利产出虽然不算多，但专利产出持续性较好，对该领域表现出一定的技术关注度。

表 5-13　主要专利权人关注技术

排名	专利权人	专利数（件）	关注技术
1	农业农村部南京农业机械化研究所	21	采收、打顶、清杂
2	石河子大学	21	采收、打顶、秸秆起拔、采摘试验台、地膜捡拾、棉种脱绒
3	新疆农垦科学院	18	轧花机除尘、秸秆起拔粉碎、打顶、机采棉、棉铃壳采收
4	中国农业科学院棉花研究所	17	穴盘播种、免耕播种、脱绒、移栽
5	常州市胜比特机械配件厂	14	摘锭、机用风机、油散热器、卸棉等装置、可伸缩采棉箱体
6	周潘玉	13	采摘
7	新疆农业科学院农业机械化研究所	13	采摘、打顶、秸秆粉碎、还田
8	中国农业大学	12	同步对行、地膜回收
9	上海出入境检验检疫局工业品与原材料检测技术中心	11	棉花取样
10	南通棉花机械有限公司	9	籽棉清杂

值得一提的是，常州市胜比特机械配件厂和上海出入境检验检疫局工业品与原材料检测技术中心，这两位专利权人所有专利产出均集中于某一年度，常州市胜比特机械配件厂的 14 件专利集中产出于 2013 年，而上海出入境检验检疫局工业品与原材料检测技术中心的 11 专利集中产出于 2012 年，两位专利权人有可能是基于某种特定技术需求进行技术创新，并不具备在该领域持续创新的能力。

② 重要专利权人关注技术。重要专利权人所关注的技术与行业技术发展趋势密切相关，伴随着某一技术的兴起和衰退，重要专利权人在某一技术分支的专利申请活跃度也会呈现相应的变化。前十大专利权人关注技术见表 5-13，各重要专利权人普遍注重技术积累，关注技术有共通之处，也存在差异。

农业农村部南京农业机械化研究所于 2012 年提出了一种梳齿结构的耙棉装置，针对棉花种植高密度、高产量、高植株的特点，该专利权人随后又提出了一种自走复指式采棉机，有效克服了棉桃分离不彻底以及容易堵塞的缺点，避免了棉桃进入清杂装置造成的棉花染色和潮湿缺陷，降低了采摘棉花的含杂率，有利于提高棉花等级。2015 年该专利权人提出了一种单体仿形棉花打顶机，以机械复合运动机构实现了所需的操作动作，即使打顶高度变化大，也能确保执行机构准确完成打顶操作动作，有效避免误打和漏打。

石河子大学于 2014 年提出了一种自走式棉桃收获机，该机不仅不需要对行收获，而且转弯灵活，采摘干净。2017 年提出了一种以无人机为载体的棉花打顶机，飞行高度控制系统可以精确控制无人机飞行高度随着棉花顶尖高度变化而变化，减少因地表和棉花长势等原因导致的传统机械打顶对棉株打顶高度不稳定的影响。

新疆农垦科学院在该领域于 2016 年发明了一种棉铃壳采收机。棉铃壳是一种廉价的饲草原料，可供牛、羊等牲畜食用，还可以用作食用菌的培养基。以前棉铃壳多数是与棉花秸秆一起粉碎还田；或部分留在棉秆上，让牛羊自由啃食。该发明的提出有望使棉铃壳的价值得到充分利用。

3. 结论与建议

（1）棉花生产机械化技术在经历了技术萌芽期、推动期和快速发展期后，目前该领域技术已处于平稳发展期。

（2）该领域技术研发重点集中在 A01D46、A01C7、D01B1 等 IPC 小类，目前 A01D46 仍保持着一定的研发活跃度，而 A01C7、D01B1 有进入技术衰退期的迹象，A01M7 在 2018 年申请量增长迅速。

(3) 该领域技术优势单位集中于高校和科研院所，其中农业农村部南京农业机械化研究所近几年始终在该领域持续保持着较高的研发活跃度，石河子大学、新疆农垦科学院、中国农业科学院棉花研究所等单位也表现出一定的研发活跃度和实力。石磊、张玉同、陈长林等为该领域重要发明人，具有非常强的科技创新能力。

基于上述结论提出如下建议。

一是专利实施是专利价值实现的重要环节。高校院所应充分发挥人才与技术优势，加强对核心专利的深入研究，围绕核心专利持续开展应用性研究，同时注重全产业链专利布局。应进一步加大与企业的合作力度，共同推动发明创造转变为现实生产力。

二是政府应充分重视知识存量对创新发展的推动作用，优先加快新疆棉区发展，积极推进黄河流域棉花机械化发展，加大政策支持力度，引导推动国产采棉机技术熟化、质量提升和棉花加工线升级，同时，加强黄河流域等重点棉区关键技术示范推广，不断提高我国棉花生产全程机械化水平。

六、我国农用航空植保技术专利信息分析报告

2014 年，中央一号文件中首次提出“加强农用航空建设”，发展现代化农用航空植保技术是农用航空建设的重要环节。植保是农业生产防灾减灾、增产提质的前提和保障，传统人工植保作业不仅效率低，劳动强度大，农药利用率低，遇高秆作物更是难以操作，严重制约了农业生产的全程机械化。近年来，随着植保、装备数据库、现代航空、数字信息等技术的发展与融合，农用航空植保技术得到了快速发展。与人工作业相比，其突出优点主要体现在速度快，效率高，质量好，作业成本低，特别对于滩涂、沼泽等地面机械难以进入或是蝗虫等害虫的滋生地域，均可顺利高效实现大面积植保作业。农用航空植保技术的推广应用将是替代人工、提高农业生产综合能力的重要途径之一。

国内学者从不同层面对农用航空植保技术展开了研究。茹煜等针对兼备液力雾化和离心雾化优点的旋转液力雾化喷头进行了性能试验研究，为开发适用于航空施药无人机的新型喷洒雾化装置提供了技术支持；李纪周提出，农用无人直升机的作业效率是目前地面植保机具中防治效率最高的高架喷雾器作业效率的 8.38 倍；龚艳等提出，与常规施药方法相比，航空施药多采用低量喷洒技术，单位面积施药量少，每亩可节省农药 40%左右。技术创新与专利存在着紧密的内在联系，专利不仅是技术创新的重要产出，也是技

术创新活动的重要测度指标。目前，从专利视角对农用航空植保技术进行研究分析的文献尚未看到。本研究旨在通过对相关专利文献的深度分析，把握技术整体发展态势和竞争格局，明确技术热点，为下一步的研发提供相对直观的情报支持。

1. 数据来源与方法

本研究对象是我国农用航空植保技术专利文献，选择 SOOPAT 专利分析系统作为检索数据库，检索专利类别包括发明、实用新型和外观设计专利。由于国际专利分类（International Patent Classification，简称 IPC）中没有为农用航空植保技术划出一个特定的技术分类，因此单纯通过 IPC 分类号进行检索不能识别所有专利，需结合关键词和专利权人等信息加以甄别筛选，关键词的提取与确认则通过阅读专利文书并理解其技术特征来把握。

本研究采用文献计量分析方法，以 Excel 数据处理软件作为主要分析工具，对专利文献中的专利申请量、专利权人、IPC 分类号、技术主题等多个分类指标进行计量、归纳和可视化分析，从而揭示各创新主体技术实力，探明技术衍变轨迹，发现特定技术动向，寻求技术创新人口及技术应用的潜在领域并避开“技术陷阱”。

2. 数据分析

（1）技术发展总体趋势分析。截至 2013 年 12 月 31 日，农用航空植保领域共检索专利 223 件，经手工筛选并剔除不相关数据，最终获得有效数据 206 个，数据内容包含申请时间、申请量、专利类别、专利权人、IPC 分类号、技术摘要等信息。

统计某项技术一段时期内的专利申请量，大致可判别该技术的整体发展态势。从图 5-21 可看出，1987—2008 年，农用航空植保领域专利年申请数量相对较少，维持在 5 件以下，变化不大，申请时间也相对分散，表明在此期间技术尚处于初级发展阶段；2009—2013 年，申请量逐渐增长，尤其是 2011 年后，申请量快速攀升，增长速度明显加快，2012 年申请量达 38 件，2013 年更跃升至 91 件，为历年最大值，2009—2013 年，专利申请量年均增长率达 96.5%，表明我国农用航空植保技术研究升温明显，正处于快速发展阶段。从近两年的发展趋势来看，预计专利申请量仍将持续增长。

（2）专利结构分析。专利类别包括发明专利、实用新型专利和外观设计专利。不同专利类别代表着不同的技术创新水平，其中，发明专利最能反映技术创新活动的能力，实用新型专利虽然创造性和技术水平较发明专利低，但实用价值大，外观设计专利技术含量和创新水平都较低。从图 5-22

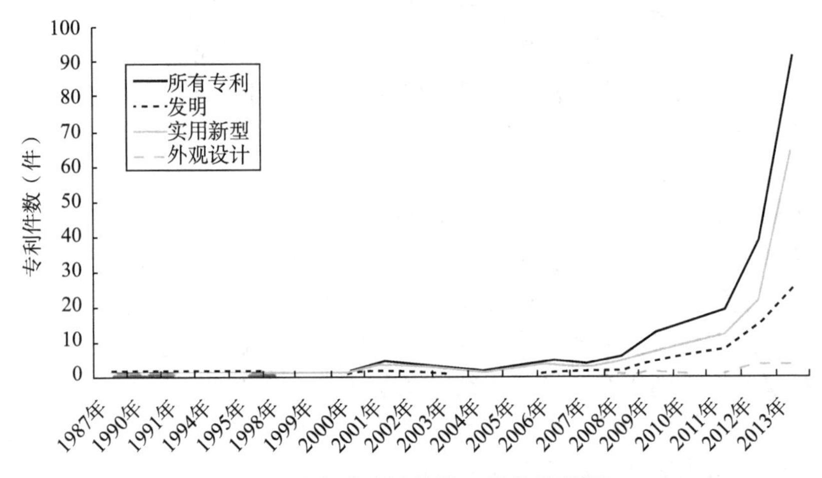

图 5-21　年度申请趋势（见书后彩插）

来看，农用航空植保技术专利以实用新型专利和发明专利为主，其中，实用新型专利占比 66%，发明专利占比 31%，外观设计专利占比仅为 3%，较实用新型专利而言，发明专利占比相对偏低，表明该领域技术创新能力尚待提升。

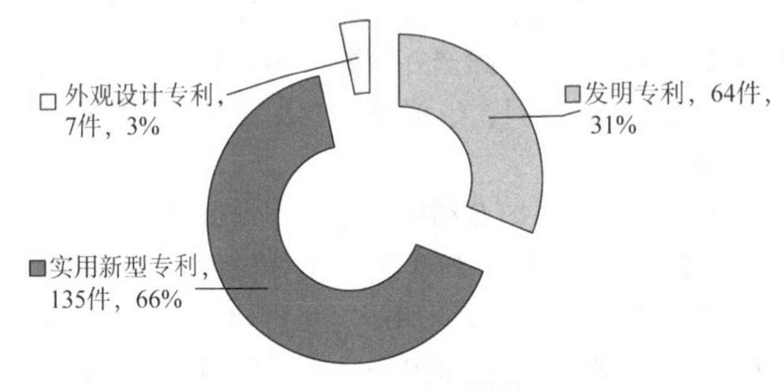

图 5-22　专利结构

如图 5-21 所示，实用新型专利和发明专利申请量年度变化趋势相似，总体均呈上升趋势，尤其是 2011 年以来，两类专利年度申请量均呈快速增长态势，并在 2013 年达到峰值，且未见拐点出现，表明该领域技术发展强劲。由于外观设计专利往往在专利实施转化进入市场后才多有涉及，因此其产出低值在某种程度上可以解释为农用航空植保技术新技术特征较强，现阶段发展的重点仍是技术创新水平的不断提升，而大面积的推广应用尚需时日。

（3）专利权人分布分析。表 5-14 显示了主要专利权人的专利申请量排名及平均专利数。一般认为，平均专利数越低说明专利权人技术储备能力和研发活跃度越强，反之，则越低。从表 5-14 可看出，农用航空植保技术专利产出机构集中于企业、高校、研究院所，排名前十位的专利权人中有 7 家是公司，高校和研究所有 3 家，自然人为 0，共申请专利 142 件，占专利申请总量的 68.9%。申请量位列首位的重庆金泰航空公司，虽然 2013 年才进入农用航空植保领域，活动年期非常短，但当年就申请专利达 54 件，显示出强劲的创新能力。

表 5-14　专利权人分布

序号	专利权人	专利申请数（件）	发明人数（人）	平均专利数（件）
1	重庆金泰航空公司	54	1	54
2	无锡汉和航空技术公司	32	17	1.88
3	山东卫士植保公司	12	8	1.5
4	农业农村部南京农业机械化研究所	8	18	0.44
5	上海交通大学无锡研究院	8	4	2
6	无锡同春新能源公司	7	1	7
7	华南农业大学	6	19	0.32
8	江西洪都航空公司	6	18	0.33
9	珠海羽人飞行器公司	5	3	1.67
10	合肥多加农业科技公司	4	2	2

注：平均专利数=专利权人的专利申请数/专利权人的发明人数。

但进一步分析发现，该专利权人的发明人数仅为 1 人，平均专利数高达 54 件，发明专利占专利总量仅为 7.41%，并且，研究领域相对狭窄，主要集中于四轴农用飞行器，表明该专利权人虽然创新力和专利意识都较强，但技术储备能力和研发广度尚显不足。反观上海交通大学无锡研究院、华南农业大学、农业农村部南京农业机械化研究所，虽然专利申请量均不足重庆金泰航空公司的 1/7，但其平均专利数均较低，分别只有 2 件、0.44 件、0.32 件，发明专利占各自专利总量的 50%、62.5%、100%，表明相对于企业而言，高校和科研院所的创新活跃度和技术储备能力明显更强。

值得一提的是山东卫士植保公司和珠海羽人飞行器公司，两家公司分别在 2012 年和 2013 年有外观专利产出，涉及多轴农用飞行器的螺旋桨、电机、动力锂电池等部件，可见两家公司已率先进入市场，这也和市场实际情况相符，目前这两家公司的产品已在全国多个省份率先推广应用。

（4）技术关键分析（图 5-23）。本研究依据 IPC 小类对农用航空植保技术专利进行分类统计，并挖掘技术关键及功效。从图 5-23 来看，研发热点集中在 B64D、B64C 等 IPC 小类。

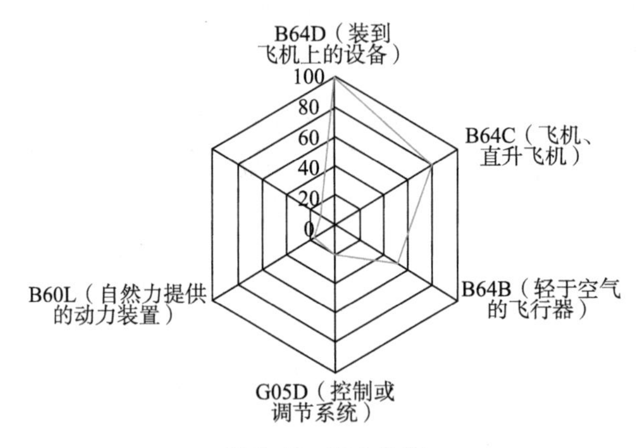

图 5-23　IPC 分布

① B64D 中，研究内容涉及喷洒施药装置、供药装置、图像识别装置、气力授粉装置、伸缩装置、启动装置、喷洒作业过滤装置、排气装置、药箱、农航飞机料箱、多用途农航作业门盒等，其中喷洒装置可实现静电喷洒、自动控制液体喷洒及颗粒播撒，满足多种喷洒要求；供药装置可实现无人机的连续供药，无须反复起降装载农药；图像识别装置可用于防治水稻白叶枯病和纹枯病、消灭稻纵卷叶螟和稻飞虱；气力授粉装置可将垂直方向的风场转变为水平方向，进而提高授粉效率和效果；伸缩装置可准确调整喷雾杆、摄像头或授粉风筒的高度，实现准确作业；增稳装置可根据运行姿态完成喷头方向的调整，使喷头指向稳定；防颠簸喷洒药箱由于采用了竖直方槽结构，可有效解决药液晃动给无人机的机身带来的无法稳定的问题。

② B64C 中，研究内容涉及固定翼飞机的升降舵配平机构，无人直升机和多轴飞行器的传动装置、动力装置、起落装置、主臂垂直折叠机构、支臂水平折叠机构、支撑结构、机身、尾翼、节流阀、螺旋桨等。形成的技术功效有：在作业速度范围实现纵向杆力的自配平；缩短动力传动距离，减小负载，提高传动效率；通过无刷电机控制器保证主旋翼的转速恒定，使无人机的飞行状态保持稳定；采用电动机取代油动动力系统，克服汽油发动机维护

成本高、操作复杂的缺陷，同时减轻机械结构重量，便于进行负载作业；通过由尾部电机单独驱动的上置式尾旋翼提高尾桨旋转面的高度，从而确保起降的安全性和飞行的稳定性；主臂垂直和支臂水平折叠机构具有可折叠、占用空间小、操作简单、维护方便的优点。

③ B64B 中，研究内容涉及悬浮式直升飞行器和涵道飞艇直升机，2 种机体综合了常用无人直升机和飞艇的优点，气囊中充满相对密度低于空气的气体，具有载荷量大、机动灵活性高、安全性高、结构简单及稳定性强等优点。

④ G05D 中，研究内容涉及无人直升机和多旋翼无人机的航线控制装置，飞行作业监控、测试、管理装置，其中，航线控制装置可防止航线偏离，提高作业精准度；监控、测试、管理装置主要通过地面遥控设备、机载飞行控制计算机、惯性测量单元（IMU）、磁罗盘、GPS 模块、气压高度计等获取无人机的飞行数据，定义喷洒区域坐标，防止漏喷或重复喷洒，显示已完成和未完成的作业区域，实现田间低空作业安全参数的标准化、数字化；根据不同农作物的特点、农药种类、农药稀释比例、单位面积的喷洒药量实现对喷洒流量的精确控制，使单位面积上的农药喷洒量均匀一致，提高低空喷洒农药的适应性和效率，减少农药浪费和环境污染。

⑤ B60L 中，研究内容涉及以太阳能为无人机的动力装置。其主要通过机翼上的太阳能电池驱动电动机带动螺旋桨旋转、产生无人机飞行所需的动力，同时向其他装置供电，实现喷洒作业。该类专利的 IPC 不仅对应着 B60L，也对应着 B64D，当一个专利对应着多个 IPC 号时且这些 IPC 号分属不同技术领域时，称为 IPC 共生现象。IPC 共生现象揭示了不同技术领域的关联，B64D 和 B60L 的共生反映了农用航空植保技术和新能源技术的交叉性技术应用。

（5）核心专利分析。Breitzman 和 Thomas 认为，同族专利和被引频次较多的专利被认为是核心专利，与其他专利相比，核心专利有着更好的质量，或代表领域内的关键技术。经检索发现，农用航空植保领域只有 3 件专利有同族专利，被引证专利仅为 1 件，见表 5-15，其中被引证专利“静电喷洒装置”申请时间为 1987 年，维持时间非常长，被引证也在其法律状态为有效时，英国专利对其引证。该专利的专利权人为英国帝国化学工业公司，1987—1998 年，该专利权人先后在以色列、南非、德国、澳大利亚、巴西、新西兰、丹麦、墨西哥、加拿大、美国世知产组织、欧洲专利局等数十个国家和组织申请了 38 件同族专利，经过长达 11 年的专利布局逐渐在全世界范围内构建技术壁垒。从被引证和同族专利角度看，“静电喷洒装置”可视为农用航空植保技术处初级发展阶段的核心专利。进一步对该专利进行后向引证分析发现，其引证了英国、伊朗等国专利，表明该专利权人善于吸收借鉴国际先进技术以提升自主创新能力。

核心专利“静电喷洒装置”在农用航空植保技术初级发展阶段产生，主要适用于固定翼飞机。但直至 2009 年，农用航空植保技术的研发才日渐升温，并逐渐进入快速发展阶段。在此阶段，植保技术、现代航空技术、数字信息技术的发展与融合，促使适用于植保作业的飞行设备由传统的固定翼飞机演进为低空飞行的无人直升机和多轴飞行器。然而，检索 2009—2013 年的所有专利发现，被引证专利数竟然为 0，同族专利也仅有 2 件，其产生时间分别为 2010 年和 2011 年，专利权人均为农业农村部南京农业机械化研究所。从其专利号来看，该专利仍为中国专利，属地区间多次申请的专利，并非在不同国家或地区申请。一般认为地区间多次申请的专利基于技术改进而发表，而不同国家或地区申请则基于专利部署。由此可以认为，这 2 件虽较国内其他专利而言，质量稍高，但仅基于技术改进而发表，不能称其为核心专利。因此，在现阶段，国内农用航空植保技术尚缺乏有竞争力的核心专利。

表 5-15　高被引专利

专利名称	专利权人	申请年份	被引频次	同族专利数（件）
静电喷洒装置	帝国化学工业公司	1987	1	38
一种基于 GPS 导航的无人机施药作业自动控制系统及方法	农业农村部南京农业机械化研究所	2010	0	1
移动式无人机农用喷洒作业风场测试设备及测试方法	农业农村部南京农业机械化研究所	2011	0	1

（6）技术生命周期分析。专利技术生命周期分析法是专利定量分析中最常用的方法之一。专利技术发展一般经历技术引入期、发展期、成熟期和淘汰期四个阶段。本实例通过计算技术成熟系数 α、技术衰老系数 β、技术生长率 v 及新技术特征系数 N 来测算农用航空植保技术所处的发展期，参数统计意义见表 5-16。

表 5-16　专利统计参数

参数	参数	计算公式	统计意义
v	技术生长率	$v=a/A$	v 值递增，表明技术生长
N	新技术特征系数	$N=(v^2+\alpha^2)^{1/2}$	n 值递增，表明新技术特征越强
α	技术成熟系数	$\alpha=a/(a+b)$	α 值递减，表明技术日趋成熟
β	技术衰老系数	$\beta=(a+b)/(a+b+c)$	β 值递增，表明技术日渐陈旧

注：a 表示当年发明专利申请数；b 表示当年实用新型专利申请数；c 表示当年外观设计专利申请数；A 表示追溯 5 年的发明专利申请累积数。

经计算，1987—2004 年的 α、β、v、N 值波动幅度均较小，趋势变化不显著，因此，图 5-24 横坐标以 2005 年为起始点。从技术生长率来看，v 值整体呈上升趋势，波动幅度平稳，2012 年后，上升幅度有所加大，表明农用航空植保技术生长良好；从技术成熟系数来看，2005—2011 年，α 值呈小幅波动状态，2012 年开始拐头向下，显示出一定的下降趋势，表明随着技术的生长，技术吸引力逐渐显现，介入研发机构日渐增多，专利申请数量随之快速增长，研发内容不断向纵向和横向转移、延伸、扩展，技术发展日趋成熟；从技术衰老系数来看，由于农用航空植保技术外观专利产出非常少，因此 β 值始终维持在 1.0 附近波动，并未出现递增趋向，不具备技术衰老特征，表明技术尚未陈旧；从新技术特征系数看，N 值的变化趋势大致和 v 值相近，整体呈上升趋势，2011 年后，N 值上升幅度有所增大，2013 年达到峰值，显示新技术特征较强，仍具有较大的发展潜力。

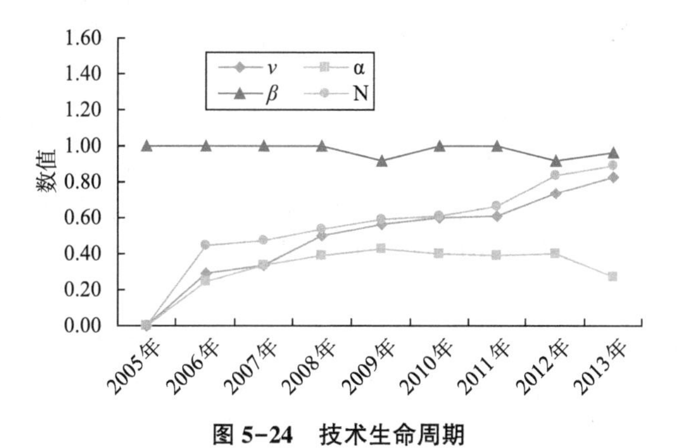

图 5-24　技术生命周期

3. 结论与建议

本研究运用专利分析方法，从专利申请量、专利结构、技术关键、生命技术周期、核心专利等角度对农用航空植保技术的发展态势及特征进行了可视化分析，得出如下结论。

① 从总体来看，农用航空植保技术正处于技术创新相对活跃的发展阶段，技术创新能力和水平在稳步提升，新技术特征较强。

② 该领域专利以实用新型和发明专利为主，虽然近年来发明专利申请量增长迅速，但占比仍相对偏低，整体技术含量还不高，尚缺乏有竞争力的核心专利。

③ 该领域创新主体以企业和科研院所为主，相对于企业而言，高校和科研院所的创新活跃度和技术储备能力明显更强。

④ 技术领域方面，研发热点集中于 B64D、B64C 等小类，和新能源等新技术的交叉性应用得到发展。

基于上述结论提出如下建议。

一是规避专利较集中的技术，防止重复研究，同时，需结合其他领域的技术进行集成创新。

二是发展核心专利，提升技术整体进步，核心专利的缺乏将严重制约我国在农用航空植保领域的未来发展。

三是加强专利海外布局。国内研发机构只注重中国专利的申请却忽视全球范围内的专利布局，错失有价值的专利更大的保护范围。国外专利虽然申请数量不多，但却掌握着领域内的核心技术，并通过长期的专利部署构建技术壁垒，形成技术封锁，这点是国内科研院所和企业需要学习和借鉴的地方。

四是注重对国外已公开或已失效专利信息的收集、分析和利用，尤其是对已失效专利的再利用。失效专利可以无偿使用，专利失效并不意味着丧失价值，很多失效专利的技术含量和市场价值仍然很高，倘若对这部分资源进行合理再利用，就无须支付巨额专利转让费，可最大限度地节省开发时间和经费。

五是加强各专利权人间的合作。高校、科研院所的研发实力虽然较强，但其专利大多以独立申请为主，说明技术主体间的合作力度不够。实力雄厚的高校、科研院所间应加强联合攻关，发挥各自技术优势，实现关键技术的密集研发和突破，同时，国家应鼓励和促进企业与高校、科研院所间的合作，共同推动农用航空植保领域的技术扩散、知识共享及成果的有效转化。

第六章　涉农专利价值评估与高价值专利培育

我国涉农领域专利申请量近年来虽增长迅速，但是也因为盲目追求数量上的跃进而忽视了专利本身的质量。国家频频呼吁高价值专利就是对这一现象的修正，也是我国的专利制度发展到现阶段所必须要做的转型。普及涉农专利价值概念、强化专利价值评估、倡导高价值专利产出、加强高价值专利运营对农业转型升级具有积极意义。

第一节　涉农专利价值的概念

涉农专利具有显性价值和隐性价值。对于涉农专利权人而言，专利应当是能够带来商业价值的资产，这就是专利的显性价值。此外，专利还可以彰显专利权人的技术实力和影响力，为专利权人带来声誉和社会地位，这些则属于专利的隐性价值。

涉农专利的价值包括技术价值、法律价值、经济价值和战略价值。涉农专利的技术价值体现了专利的内在价值，是专利技术本身带来的价值，是专利价值的基础。涉农专利的法律价值是指专利在生命周期内和权利要求保护范围内依法享有法律对其独占权益的保障，是专利市场化、经济化过程中的保障性因素。涉农专利的经济价值是指专利技术在商品化、产业化、市场化过程中带来的预期利益。涉农专利的战略价值是指专利在市场经营活动中通过稳固自己的优势竞争地位，游刃有余地运用进可攻、退可守的战术，最终为涉农单位直接创造利润或者为涉农单位创造利润扫清障碍。

第二节　涉农专利价值评估的意义

涉农专利的用途按照战略目的大致可分为三种类型：一是用于进攻的专利；二是用于防守的专利；三是用于提升影响力或作为谈判筹码的专利。同样一件专利，由于其在上述各方面的表现不同，实际呈现出的价值或影响可能会有天壤之别，因此，准确把握专利的价值应当是我们进行专利管理、保护和运营的前提或基础。不了解专利的价值而大谈专利的管理、保护和运营，如同盲人摸象，而专利价值评估是我们掌握专利价值的一扇重要窗口。

涉农专利价值评估为前端的专利价值培育提供了方向上的指引，帮助创新主体审视自身专利资产的短板，并制定科学的研发和专利布局决策；为后端的专利运营工作提供了优质资源的支撑，帮助提升专利资产的管理效率和运营效益。涉农专利价值评估对于优化技术供给，激发市场有效需求，促进专利供需对接，推动专利转移转化和产业化来说都是非常必要的。具体来说，专利价值评估具有以下现实意义。

一、便于评判技术实力

对于涉农专利权人而言，其技术实力一定程度上与其高价值专利产出的数量相关。利用专利价值评估这一手段，可以评估该专利权人的技术实力，进而为专利权人制定技术追踪、技术引进和人才引进等决策提供研究手段。

通过专利价值评估可以分析判定某细分领域技术实力较强的专利权人和研究技术有哪些，这些创新主体具体的技术特点和优势领域是哪些，进而帮助相关人员进行某细分领域的技术追踪。当需要进行技术引进时，通过具体技术分支的专利价值评估，可以缩小专利范围，筛选出高价值专利，帮助专利权人发现本领域专利中的头部技术，提高技术引进的精准程度和工作效率。与创新主体技术评判类似，发明人或者科研团队的实力也可以通过其产出的高价值专利进行辅助判定，为人才引进提供实证支撑。

二、便于管理专利资产

当涉农专利权人的专利数积累到一定量的时候，专利资产的管理工作变得尤为重要。通过专利价值评估，可以根据具体战略目的进行相应的专利组合构建，可以对现存专利资产按照重要性进行分级，从而进行针对性的管理和维护。对于价值高的专利重点维护，对于价值低的专利可以考虑转让或放弃，由此降低专利管理成本，提升专利资产整体的投入产出比。

三、支撑聚焦研究

涉农专利价值评估更为重要的用途是对筛选出的高价值专利进行聚焦研究，进一步挖掘其深层次的价值和情报，筛选出的高价值专利在专利技术发展路线中占据着重要的位置，这些关键节点的重要专利不仅是技术创新中的研究热点，也是专利池构建的重要来源。

第三节　涉农专利价值评估的难点

在评估涉农专利价值时，会面临多种挑战。比如如何设置科学合理、操作性好的指标，如何针对中国专利文献的特点提高中国专利价值评估的准确性，如何根据技术领域的特殊性开展针对性评估等。

除了要面对诸多挑战之外，涉农专利价值评估工作还存在下述难点。

一、涉农专利的价值体现具有滞后性

涉农专利的技术内容具有一定的前瞻性，任何一个涉农单位从开始申请专利到逐步转入专利应用，往往都有较大的时间跨度，且涉农单位只有在授权专利数达到一定门槛、围绕特定领域进行集中布局后，这些专利才能真正在保护创新成果、遏制竞争对手方面发挥作用。

二、涉农专利的价值体现具有阶段性

以涉农产品为例，在产品导入期，申请专利的目的是为了获得卡位的优先权，此时专利的主要作用是圈地；在产品成长期，专利的主要作用是形成完善的保护圈，建立专利门槛，甚至形成技术标准，也可以利用质押等融资手段进行专利资产货币化；在产品成熟期，专利可用来对抗竞争者，进行侵权诉讼、建立专利池、交叉许可等；在产品衰退期，专利可用来进行许可、转让、授权、拍卖等。因此，专利价值的显性特征具有阶段性的特点。

三、专利的价值体现具有关联性

第一，专利技术之间往往存在技术上的关联，很多情况下，单件专利往往无法单独实施；第二，专利有时候需要与技术秘密相互配合；第三，是否有竞争性的替代技术对目标专利的价值影响也很大；第四，专利的价值还与本领域的技术发展状况密切相关；第五，专利价值的实现程度还与专利拥有者的专利运营能力、专利的主要应用目的及方式等有关。

第四节　涉农专利价值评估方法

目前涉农专利的价值评估应用广泛，专利质押贷款、专利增资入股、专利许可转让等都需要进行专利的价值评估。现有关于专利价值评估方法的研

究众多，主要为传统的成本法、市场法、收益法等市场基准的专利价值评估方法，近些年，众多学者对专利价值评估方法研究有一定突破，增加多种评估方法，如综合模糊评价法、计量经济法、机器学习与模拟仿真方法等非市场基准的专利价值评估方法。

一、市场基准的专利价值评估方法

1. 成本法

成本法是在目标单位资产负债表的基础上，通过合理评估单位各项资产价值和负债，从而确定评估专利价值的方法。理论基础在于：任何一个理性人，对某项专利的支付价格将不会高于重置或者购买相似用途替代专利的价格。成本法主要适用于成本信息记录清晰，且成本信息能够较好反映专利价值的情况，以往学者往往用重置成本进行衡量。

2. 收益法

收益法是以专利的未来收益预测结果进行折现来计算专利价值的方法。其理论基础是经济学原理中的贴现理论，即一项资产的价值是利用它所能获取的未来收益的现值，其折现率反映了投资该项资产并获得收益的风险的回报率。

3. 市场法

市场法是将评估专利与在市场上已有交易案例相似的专利进行对比以确定评估专利价值的方法。其应用前提是假设在一个市场上，相似的专利一定会有相似的价格。

3种方法的优劣对比如下。

① 成本法的成本信息相对比较容易获取，操作简便，但成本信息未考虑专利的预期收益，并不能够真正反映专利的真实价值，以至于计算出的结果往往被低估，所以只能作为参考。

② 市场法所反映的专利价值信息能够反映当前市场需求和专利市场价值，易于被大家接受，适用于专利市场较为发达，有较多同类可以匹配的专利交易价格信息进行参考，此种方法理论上较为可行，但在实际应用中，由于我国专利交易市场不发达，很难找到可以匹配的专利市场交易价格，交易信息较难获取，致使评估方法不够稳定。

③ 收益法能够全面考虑专利价值的影响因素，是专利评估方法中比较实用的方法，但收益法需要对专利的未来收益进行预测，这种预测的主观性较大，同时产品的收益往往依靠多项不同领域专利，而收益难于与具体的专

利对应分配。

二、非市场基准的专利价值评估方法

非市场基准的专利价值评估方法基本思路是：基于公共专利数据库中相关信息，应用实证研究方法分析不同信息与专利价值之间的关系，在此基础上，以专利价值影响因素为变量来构建专利价值评估模型。下面介绍几种专利价值评估的常见方法。

（1）模糊综合评价法。该方法是在分析专利价值影响因素的基础上，建立专利价值评估综合指标体系，并运用模糊评价的方法给被评价专利的每一个因素赋值，最后得到专利价值的综合评价结果。

该方法的优点是简单易理解，但是这种方法得到的结果不是以价值金额形式体现的，得到的往往是专利价值度的概念，只能作为专利运营（转让、质押贷款、许可等）的参考，不能直接作为依据。

（2）计量经济模型方法。该方法一般以专利价值估计值作为因变量，以选取的专利价值影响因素作为自变量，选取与待评估专利同质的样本，运用历史数据进行多元回归分析，在此基础上建立专利价值的评估模型。然后，运用该模型进行专利价值评估计算。

该方法易于理解，但是也存在明显的缺陷：一方面，很难获取同质专利价值的大量样本，从而难以开展回归分析，影响模型的建立；另一方面，这类方法往往假设专利价值与影响因素之间呈线性关系，这种假设本身可能存在一定的局限性，从而影响到模型的准确性。

（3）机器学习与模拟仿真方法。随着人工智能技术的发展，有学者提出了运用一些基于机器学习的专利价值评估方法。这种基于机器学习与模拟仿真的专利价值评估方法在理论上存在一定的可行性。但是，实际应用中还需要对相关指标、算法等进行进一步的完善。

上述这些非市场基准的专利价值评估方法均是引入了其他领域的经典方法对专利价值进行评估，各有其优势和缺陷，可以根据其适用范围选择性或融合性使用。

第五节　专利价值评估分析维度和指标

专利价值是评估分析出来的，而价格是谈出来的，价值评估分析可以为价格谈判提供武器。就专利价格而言，市场所带来的启示在于：技术发展现

状、市场环境、市场地位等因素，都会对专利技术的出让方和受让方达成的交易价格造成影响，专利价值评估分析的目的在于挖掘传统评估方法难以估量的隐性价值。

一、专利价值分析维度

专利价值的分析维度包括技术价值、法律价值、经济价值、战略价值等，其中技术价值是基础，法律价值是保障，经济价值是体现，战略价值是目的。

1. 技术价值

每一件涉农专利都是包含了能够解决技术问题的技术方案，但不是每一种技术方案都有实际应用价值，例如具有更好的可替代性技术时，该专利技术就很容易被淘汰或直接抛弃。例如有些技术先进性很高的专利技术，由于缺乏配套技术等很难具体实施，这些专利很难称得上技术价值高的专利。此外，技术价值高的专利也不代表技术复杂程度很高的专利，有些容易被普遍采用的技术所形成的较为简单的专利，也可能成为技术价值高的专利。虽然专利价值的高低并不完全取决于技术方案的先进性、技术难度或是技术复杂程度，但是技术价值高的专利应当具备一定的技术含量，至少应当满足专利法意义上的新颖性、创造性和实用性。

2. 法律价值

专利权的核心在于专利的排他性，专利权人通过拥有一定时间一定地域的排他权利，取得垄断性收益，实现专利的价值。专利权是法律意义上的一种私权，失去法律保护外衣的专利如无壳之蛋、无土之木。因此，专利权利的法律保护坚实程度是一件专利技术实现其真正价值的保障。

3. 经济价值

对于涉农专利权人来说，获取和运用专利权利的制定策略是由其产生经济效益的能力直接驱动的。专利所能产生的经济效益与其市场价值有直接关系，高市场价值的专利技术一定是同时具备技术价值和法律价值的专利技术，当下或预期未来能在市场上应用并因此获得主导地位、竞争优势和（或）高收益的专利，这才是真正现实意义上的高市场价值专利。市场价值又可分为未来市场价值和现有市场价值，预期在未来市场中很可能用到的专利属于潜在高市场价值专利。

而在专利的现有市场价值中，直接变成的现金流就是该专利可以直接衡量的经济价值。高经济价值的专利首先包括了大部分的高市场价值专利

(有些具备高市场价值的专利之所以没有体现出其高经济价值是因为专利权人的不作为或者法律环境造成的)，其次还包括专利交易和运营过程中（如专利质押、作价入股、转让许可等）体现出高价格的其他专利，如着眼未来市场的储备性的核心专利等。

4. 战略价值

涉农专利权人未必都能在申请专利时赋予其明确的战略考量，大多数是研发过程的惯性使然，大量的专利申请只是对研发项目中创新点的一般性保护，有些专利申请甚至只是为了提升专利权人自身影响力而已，这些专利战略价值一般。真正具备技术意义上的价值基础和法律意义上的价值保障的高战略价值专利主要是某领域的基本专利和核心专利，或者为了应对竞争对手而在核心专利周围布置的具备组合价值或战略价值的钳制专利。对于涉农单位而言，这些专利要么能用于较强的攻击和威胁竞争对手，要么能用于构筑牢固的技术壁垒，要么能用于作为重要的谈判筹码，或者兼而有之。

二、涉农专利价值分析指标

从总体上来看，影响专利价值的因素是多方面的，理论界和实务界在进行专利价值评估时，往往很难全方位考虑所有涉及因素。而且，由于市场环境的变化、专利持有人的不同、科学技术的发展等外部环境的变化，专利价值也是动态地发生着变化，这也给专利价值评估带来了很大的不确定性。下面介绍一些影响专利价值的主要指标。

发明人专利量：指发明人累计申请的专利数量，是发明人创新能力的一种体现。

发明人数：指专利包含的发明人数总和。该指标有助于考察创新团队的创新能力。

发明人人均专利数：指权利人所有发明人中，每位发明人平均拥有的专利数。该指标考察权利人创新团队的整体创新活力。

核心发明人指数：指发明人专利量占权利人专利量的比值。该指标考察发明人在权利人集体中发挥的核心作用。

权利要求数：指专利文本中权利要求的数量。权利要求数越多，保护范围越广，技术创新程度相应就越高。一项专利主张的权利要求数量越多，就越容易防止专利侵权现象的产生，拥有排他性权利的机会也就越多。

被引数：指专利被后续专利引用的次数。Harhoff 和 Albert 很早就指出高被引专利具有更高的价值，可以直接作为识别重要专利的指标；Trajtenberg 也认为专利被引证数越频繁，表示此专利是其后专利技术发展的基础，对科技发展影响深远。

引证专利文献数：指专利引用的专利文献数。

引证非专利文献数：指专利引用的非专利文献数。Harhoff 认为可以采用引证专利数、引用非专利文献构建综合专利价值评估指标体系。

引证国外专利文献数：指专利引用的国外专利文献数。该指标考察专利的创新基础。

被国外专利引证数：指专利被国外专利引用的次数。一项专利若能被多国专利所引用，表明其他国家的相关技术发展需要以该专利技术为基础，该专利在世界范围内具有技术的开创性和核心性。

自引数：指权利人引用自身专利的数量。“高自引”与权利人的自我更新过程相伴，是权利人构建专利壁垒、坚守下位技术市场份额、技术进步的重要信号。

分类号数：指一项专利涉及的 IPC 数。一项专利涉及的 IPC 数量越多，专利保护的宽度越广，也就越具有价值。

授权周期：指专利申请日到专利授权日所经历的年数。该指标考察授权的难易程度。

同族数：指专利拥有同族专利的数量。Lanjouw 发现专利质量与专利家族规模之间存在着正相关。同族数量受领域特色影响较小，不同领域的专利同族数量之间具有比较意义。

同类专利数：指权利人在目标专利同一主分类号下的专利数。权利人在某一专利技术领域的累计专利量是其形成整套技术解决方案，并衡量行业地位及构建专利组合能力的一个重要指标。

PCT 申请数：指通过 PCT（专利合作条约）形式申请的专利数。Merges 指出，是否为 PCT 申请可以作为专利的评估指标之一。

他国授权数：指专利在国外获得授权的数量。国际授权量是全球公认的衡量创新能力的重要指标，权利人更愿意为具有高技术价值和经济价值的专利申请更多的专利保护国家。该指标比 PCT 申请数对专利价值的表征度更高。

专利年龄：指专利存续的时间。维护专利需投入成本，若权利人认为专利效用水平较高，能够创造更多的经济价值和社会价值，那么专利的维持时间越长，因此该指标可以作为专利价值评估的判断标准之一。

剩余寿命：指一项专利从当前日算起距保护期结束的年数。该指标考察专利的有效性。

权利人专利平均年龄：指权利人全部专利的平均存续时间。该指标考察权利人专利的整体维持情况。

失效率：指权利人失效专利占总专利量的比值。Ernst 提出可将专利失效率作为专利质量的一个评价指标。

无效后确权：指专利是否经历无效后再被确权。如果利益相关方提起无效宣告请求，说明相关专利对其构成了较大的威胁，如果经历无效程序之后专利权仍然稳定，则说明该专利具备较高的价值。

复审后确权：指专利是否经历了复审后再被确权。如果专利经过了复审程序之后才被授予专利权，则说明该专利具有较好的稳定性。

是否经历诉讼：指专利是否经历侵权诉讼。专利诉讼可以增加专利价值，专利侵权诉讼威胁越大，权利人获得的许可费或赔偿额就越高，其价值也就越高。

合作申请数：指专利合作申请的单位数。该指标考察专利的合作申请情况。

合作强度：指权利人平均每件专利合作申请的单位数，该指标考察权利人在产学研合作方面的能力。

许可数：指专利许可的次数。

转让数：指专利转让的次数，许可数和转让数这两个指标均表征专利的市场接受程度，用来考察专利的实际价值，虽然专利质量高并不一定专利实际价值大，但专利实际价值小，则专利价值一定不大。是否经得起市场考验，是衡量专利运用价值的重要因素。

质押数：指专利权作为质押标的物的次数，专利权的质押登记被认为是表征专利价值的一个指标。

实施例数：指专利说明书中的实施例数量。撰写质量通常与专利价值正相关，说明书会对发明的技术方案给出合理的扩展，实施例越多，则其对权利要求的支持越充分。

外观专利数：指权利人围绕专利技术所申请的外观专利数。外观设计专利一般在专利技术产品化阶段产生，因此该指标是考察权利人专利实施运用情况的一个切入点。

技术成熟度：指专利在技术生命周期中所处的发展阶段。该指标考察技术的成熟性。

研发重心强度：指权利人主分类号专利量占其总专利量的比值。该指标考察权利人在专利技术领域的研发投入能力。

专利组合能力：指权利人平均每个IPC大组分类号下包含的专利数，该指标考察权利人构建专利组合的能力。专利技术虽然可以独立应用到产品，但更多时候，单一专利技术需要依赖其他技术才可实施，全套技术方案转化的可能性更大。专利组合不仅能形成整套解决方案，而且能发挥专利的集成价值，更利于专利应用，并且能提供更强有力的专利保护。

权利人主分类号专利量的市场份额：指权利人目标专利主分类号下的专利量占该领域市场总专利量的比值。该指标考察权利人目标专利技术未来在市场上的应用前景以及竞争对手的情况与规模，如果权利人专利市场份额占比高，则竞争对手占比就低，存在解决类似问题替代技术方案的可能性就低，相应价值也就越高。

权利人专利量年均增长率：指权利人的总专利量在一定时期内的年均增长率。该指标体现权利人的持续发展态势，考察权利人的专利扩张能力和持续创新能力。

主分类号专利量年均增长率：指权利人在目标专利同一主分类号下的专利量在一定时期内的年均增长率，该指标考察指权利人在目标专利技术领域的技术深耕能力。

获奖能力：指权利人获得国家、部省、市级奖项的情况。该指标与技术能力形成的累积过程相匹配，考察权利人的行业地位。

第六节　涉农专利价值评估的工具

涉农专利价值评估工具有不少，在这里简单介绍2个评估工具。

一、评估工具IPScore

IPScore最初由丹麦专利局与哥本哈根商学院合作研发，用于评估专利或技术项目的价值，因其使用相对简便并且结果参考性较强，被欧洲公司尤其是中小企业广泛使用，IPScore的开发基于Microsoft Access 2000数据库，它为用户提供了一个评估及有效管理专利的框架，用户可通过登录欧洲专利局网站进行注册，即可免费下载。IPScore可通过客观结果、风险机遇、财务前景、投资前景和净现值分析等5个维度展示专利的价值。

IPScore因素丰富，综合了技术、法律、经济、财务和战略五方面因素，并且细分为40个具体问题，每个问题又分为5个分数等级，相当于对每个专利有200个排列组合因素。功能全面，兼具质量评价、价格评估和收益预期功能，既能够给出质量分数，同时也可以估算出参考价格和未来收益。操作简便，便于上手。软件本身免费，并且允许下载。

IPScore也存在一些问题，主要表现为：一是评估方法基于固定算法，非基于大数据的动态分析，对各个维度间的关联性考虑不足，分析能力有待完善；二是其图形界面比较简陋，输出的图表也不够美观，输出形式有待完善；三是难以处理批量数据，不适合进行大数量级的专利分级管理；四是在使用中，用户需要围绕专利详细回答法律、技术、市场、财务、战略等各方面的问题，即需要使用者对技术本身知根知底，又需要对财务、专利知识等比较了解，并且，为了科学评估，使用者需要回答有关企业财务、战略等保密性较强的问题，因此对数据要求较高，致使部分数据难以获取。

二、评估工具SMART3

SMART3专利分析评估系统是由韩国专利局下设的发明振兴会所开发的在线专利分析评估系统，其目的在于促进知识产权的转化运用，应用领域包括竞争企业专利分析、M&A专利尽职调查、R&D专利质量评价、专利技术交易和专利纠纷的预防等。

其评分基于3个维度：权利强度、技术质量和应用能力。3个维度共下设8个因素，8个因素下涉及独立要求项长度、国内外同族专利数、总被引用次数、回收提交的意见书和被许可人数等47个指标，并且其评估模型按照电气电子、机械、物理材料、化学和生物五大技术领域有所区别。

该系统主要利用统计学方法进行概率分析，主要功能在于判断是否继续维持专利并对专利进行初步评级，其优势在于该系统为韩国专利厅知识产权交易服务平台体系的一环，结合SMART3的评估结果、技术交易在线平台IP-Market和知识产权运营网络IP-PLUG，使专利的评价能够融入市场，为专利的实际运营提供良好的支撑。但该系统对于市场价值、许可费率、应用或侵权参考作用有限。

第七节　高价值涉农专利培育

专利价值呈现高度偏态分布。Scherer和Harhoff通过调查发现，772项德国专利样本中，约10%的最具价值专利占全部专利价值的84%，222项美国专利样本中，约10%的最具价值专利占全部专利价值的81%~85%，由此得出结论，即绝大多数专利都只具有极小的价值，甚至毫无价值，仅有极少数专利具有较高的价值。因此，只有少数的涉农专利具有较高的价值。

一、高价值涉农专利的概念

虽然国家尚没有关于高价值涉农专利的权威性定义，在基础理论方面也没有定论，但在实务方面，判断高价值涉农专利仍然有迹可循。我们认为，高价值专利应在以下 4 个方面具备较高的价值。

1. 高水平技术研发

它指涉农专利有一个高水平、高技术含量的技术方案，在新颖性和实用性基础上，具有较大的技术进步性和创造性，能够在一定程度上改变行业技术发展的方向，而且对行业的技术进步有重要引领作用，或使技术趋向更加环保、更加实用、更加完善。

2. 高质量申请确权

它指涉农专利对发明创造作出了充分保护的描述，依法享受的保护范围适当，专利申请文书撰写质量较高，权利要求特征表达准确，上下位架构合理，层次清晰，权利稳定性好，具有较强的排他性和不可规避性，在行使权利的过程中被无效的可能性较低。

3. 高效益转化运用价值

它指涉农专利产业化市场应用前景广阔、政策适应性强、市场竞争力强，权利人通过对专利的占有、使用、转让、质押、投资等转化应用方式可获得较高收益或具有可以产生良好效益的潜力。

4. 高起点产业引领

它指涉农专利在对产业开发新产品、开拓新市场、提高核心竞争力、获得发展新空间、给人类生活带来便利和改善，对社会做出贡献等方面具有重要引领性作用。

当然，高价值涉农专利并不必然满足上述所有条件。例如，能实际带来较高经济价值的专利一定是高价值涉农专利，而高价值涉农专利则不必然直接带来较高的经济价值。

二、高价值涉农专利和高价格涉农专利的关系

价值是价格的基础，价格是价值的表现形式。从狭义上来讲，高价值涉农专利是指具备高经济价值的专利。按照这个说法，高价值涉农专利应该有高价格才合理，但是实际上高价值涉农专利并不一定能有很高的交易价格。

例如一件在未来很有市场潜力的高价值涉农专利，因为并不适合现阶段使用，所以有可能在现阶段就形不成很高的交易价格。但是反过来说，已经带来了高额经济效益的高价格涉农专利就一定是高价值涉农专利。

高价值涉农专利和高价格涉农专利既有联系又有区别，只有充分认识两者的关系才能更好地理解高价值涉农专利。涉农专利对于涉农企业来说具有多方面的价值，但是最根本的价值还是要通过专利技术的实施，能够获得市场竞争优势，为涉农企业创造利润，这才是衡量专利价值高低的最直接、最核心的判断标准。市场通常会瞬息万变，机会稍纵即逝，而专利制度本身又复杂精密、周期繁琐冗长，正是因为市场和专利的矛盾特性，才造成了专利价值培育和专利布局的难点。在抢占市场的同时，专利可以恰到好处地形成保护网，只有两者密切配合，才能帮助企业进一步形成市场优势。

三、高价值涉农专利培育系统

高价值涉农专利培育是一个复杂的系统工程，具体由政策端、创新端、申请端、审查端和评估运营端组成。政策端是高价值涉农专利培育的土壤和环境，涉及政府对于专利申请的激励政策或高价值专利培育相关政策等；创新端是高价值涉农专利培育的源头和基础，涉及企业或科研机构等创新主体；申请端主要涉及企业和科研机构知识产权管理部门或专利代理机构，侧重于专利法律文本的形成；审查端主要涉及专利局或专利复审委员会等专利审查机构，侧重于权利要求保护范围和权利要求稳定性的确定；评估运营端主要是对高价值涉农专利进行评估和运用。在系统的各个端发力，可以大大提升高价值涉农专利或高价值涉农专利组合产生的概率。

1. 政策端

政策端是发力端，是导航端。在政策端，政府主要发挥引导作用，不断完善制度环境、搭建知识产权公共服务平台，加强监督指导，为高价值涉农专利的培育提供土壤和环境。通过逐步引导，并积极发挥市场配置资源的决定性作用，进一步加强知识产权管理、服务规范化，面向重点产业发展需求深入开展研发活动，实现专利创造和产业需求紧密对接，让高价值专利与产业发展相融合，从而更好地发挥出专利价值。

2. 创新端

在创新端，高价值涉农专利的培育需要创新主体中的管理决策部门、研发部门、知识产权部门及市场部门等多方通力协作，其中管理决策部门肩负创新主体长期经营战略和知识产权管理的决策职能，是高价值涉农专利培育体系长期运作的“大脑”和“心脏”，需要确保为顺利开展高价值涉农专利培育提供资源配置，包括高价值涉农专利培育的战略制定、知识产权经费的预算保障、协调创新主体中其他角色等。研发部门是高价值涉农专利培育体系中的“龙头”，负责制定研究开发、技术改造与技术创新计划，力争形成高水平的创新技术成果，并根据项目研发阶段与知识产权管理部门保持良好的沟通，对创新成果及时进行保护与布局。

3. 申请端

申请端是涉农专利权获取、专利布局和未来专利实施的支撑，是法律价值形成的基础阶段。高价值涉农专利的申请端主要涉及企业和科研机构的知识产权管理部门或专利代理机构，申请端的核心在于保障专利申请文本撰写质量，同时需要对专利申请的种类、时机等进行全面的分析与掌控。企业和科研机构的专利人员或专利代理人需要通过与创新端的技术研发人员保持持续地深入沟通，确定合适的专利申请撰写方案，确定合理的权利要求保护范围；同时在专利申请过程中，积极与专利局进行沟通配合进行审查答复，保障高质量专利文本的形成。

4. 审查端

审查端负责对高价值涉农专利培育过程进行修正、裁判，是法律价值的决定端。高价值涉农专利的审查端主要涉及专利局及专利复审委员会，其主要职责是为按照专利法的规定进行高水平审查，严把授权关，使授予的每一项权利具有较高的稳定性。

5. 评估运营端

高价值涉农专利培育周期一般相对较长，尤其是在多方同时参与的情况下，必须对评估过程进行管理和控制，例如创新端的技术创新质量的评估、申请端专利申请质量的评估以及审查端专利审查质量的评估，以及最终产生的高价值涉农专利的价值评估等。评估端中，一方面需要研究确定各环节质量评估指标和体系，另一方面也需要培育若干业务精、信誉好的专门知识产权服务机构，专门负责高价值涉农专利的遴选和推荐，从而能够让高价值涉农专利培育更加有效。运营端中，高价值涉农专利运营的本质是充分盘活专利资产，实现专利的财产功能，主要包括传统意义的买卖或者许可专利，也包括通过更加复杂的许可模式和金融运行手段实现价值。

四、高价值涉农专利培育路径

1. 基于战略视角的高价值涉农专利培育

专利战略本质上是通过与专利相联系的法律、科技、经济信息的结合，用于指导在经济、科技领域的竞争，以谋求涉农企业和科研机构的最大利益。

专利战略通常分为进攻型战略、防御型战略以及混合性战略。

（1）进攻型专利战略。进攻型战略是指涉农单位积极、主动、及时地申请专利并取得专利权，在专利权保护的基础上，利用专利抢占和垄断市场，以使涉农单位在激烈的市场竞争中取得主动权，为其争得更大的经济利益的战略。进攻型战略又包括基本专利战略、外围专利策略、专利转让策略等。

（2）防御型专利战略。防御型专利战略是指涉农单位在市场竞争中受到其他竞争对手的专利战略进攻时，采取的打破市场垄断格局、改善竞争被动地位的策略。防御型专利战略包括取消对方专利权战略、文献公开战略、交叉许可战略、利用失效专利战略、绕过障碍专利战略、专利诉讼应对战略等。

（3）混合型专利战略。混合型专利战略是指涉农单位在市场竞争的环境下，在产品市场运作过程之中，在时间上和空间上应对各种竞争对手的威胁，采取的进攻和防御相结合的策略。

在实际应用中，涉农单位可根据不断变化的市场信息、不同竞争对手的不同情况以及同一竞争对手情况的变化，及时调整专利战略，形成“强者攻、中者守、弱者跟进”的灵活战略。高价值涉农专利的培育必须紧贴整体专利战略的部署，从而对专利战略形成支撑。

2. 基于竞争对手的高价值涉农专利培育

市场是衡量涉农专利价值的试金石。涉农专利的技术方案设计再为精妙，权利要求的保护范围再宽，若不能在市场上广泛应用，价值也无从谈起，专利证书最终只能沦为束之高阁的档案。市场风云变幻，技术日新月异，经得起市场考验的产品并不多，大多数最终会被市场淘汰，只有产品在市场上受到消费者的青睐，相关的专利才能实现价值。

涉农专利是否具有市场价值，很大程度上取决于市场上竞争对手的情况。如果这些专利的技术方案是大多数竞争对手都采用的方案，那显然具有极大的市场价值，掌握这些专利，也就从某种程度上掌握了市场。因此，对竞争对手的产品与专利情况进行系统的分析，在了解竞争对手的产品与专利之后，针对性地进行专利布局，为竞争对手设置进入市场的障碍，是培育具有市场价值的涉农专利的重要手段。

（1）了解自身的产品与专利。完成产品与专利映射，即梳理产品相关专利组合中每个专利的、权利要求覆盖范围，然后与相关的产品特征进行比对，以确定产品特征与相关专利组合的对应关系。这里必须强调的是，产品与专利的映射，其本质应该是产品或技术模块与专利保护范围的对应。有些包含专利数量很大的专利组合其专利的保护范围不一定宽。自身产品特征与专利映射完成之后，也就清楚了专利权人自身的产品与专利组合，以及每个专利组合的保护范围，这一步是做到“知己”。

（2）了解竞争对手的产品与专利情况。可以对竞争对手的专利组合进行了同样的分析，系统地确定竞争对手专利布局的强弱，再结合自身的发展战略不断调整专利申请。与竞争对手的专利组合的比较，是专利组合管理的重要参考，但并不意味着在某一方面专利组合比较弱，就需要立即加强这方面的专利培育，实际上要考虑很多其他因素，例如专利权人的发展战略、技术的发展状态等因素。如果某项技术在很多年前就已存在，技术已相对成熟，再创新的空间有限，加强这一方面的专利培育也不能在将来有效阻止竞争对手，那么就可以不在这一方面进行专利布局，这些都是要根据具体情况来决定。

对自身专利组合与竞争对手专利组合的对比，往往也是专利放弃和许可的依据，及时放弃各个专利组合中无价值的专利，将专利组合中专利权人不再运用，但依然有一定商业价值的专利许可或转让给第三方实现专利的货币化。无论是专利申请的挖掘、专利购买及其他优化自身专利组合的活动，以及放弃或许可等专利货币化的行为都需要在专利信息上做到对竞争对手的专利情况的系统把握，做到“知彼”。

（3）基于自身与竞争对手的专利比较情况，进行针对性的专利布局。在做到知己知彼的基础上，专利工作人员可以向研发人员提供不同的技术细节，并说明哪些方面竞争对手已经具有相关的专利，哪些是过期的技术可以直接采用，这样技术人员可以清晰地了解目前的技术状况，在此基础上进行创新，专利工作人员对这些新的创新点进行可专利性评估，综合考虑技术可实现性、成本等因素，将有价值的技术方案申请为专利。

3. 基于技术标准视角的高价值涉农专利培育

（1）技术标准。根据国际标准化组织的定义，技术标准是指相关产品或服务达到一定的安全要求或市场准入要求的技术具体实施方式或细节性技术方案的规定文件，技术标准中的规定可以通过技术指导辅助实施，具有一定的强制性和指导性功能。技术标准的制定者是希望通过技术标准的制定，来增进社会的生产效率，从而提供更好的技术产品或服务质量，因此，技术标准具有普适性和公益性，促进公共利益是制定技术标准的最终要求。而专利权是一种排他性的私有权利，因此在技术标准的推广实施过程中势必要取得专利权人的许可授权后，技术标准的实施者在实施技术标准的过程中才不会出现侵犯他人专利权的情况。

（2）涉农专利标准化。涉农专利标准化是指将涉农专利与技术标准紧密结合起来，将涉农专利纳入技术标准的一种战略模式。涉农专利标准化是以涉农专利技术为后盾，立足于技术标准而制定的旨在使涉农单位获得有利市场竞争地位的总体性谋划，也是涉农单位从国内外竞争形势和自身条件出发，谋求在市场竞争中占据主动，有效排除竞争对手的重要手段。一旦涉农专利纳入了技术标准，那么涉农专利的权利人即掌握了技术制高点，竞争对手难以在短时间内复制，权利人将在激烈的市场中拥有极大的竞争优势，此外，由于标准的广谱特性，竞争者必须满足标准才能参与市场竞争，将迫使竞争对手放弃原有技术路线，可见，纳入技术标准中的涉农专利无疑是属于高价值专利的范畴。

对于涉农专利标准化的培育，将经历技术专利化、专利标准化两个阶段。

一是基于技术研发，对技术进行挖掘并形成专利申请，完成技术专利化。

二是将涉农专利申请过程与标准起草制定过程同步进行，并紧密融合，从而完成涉农专利标准化的过程。在涉农专利权人完成技术研发后提出专利申请，同时向标准化组织提交含有专利技术方案的文稿。

在此期间，一方面涉农专利申请经过实质审查，可能会根据专利审查员的审查意见对申请文本进行多次修改，最终获得专利授权。与此同时，标准草案也需要反复地讨论修改，才能形成最终发布的标准。因此，涉农专利最初申请的权利要求保护范围和最后形成的标准之间已经不能完全匹配，需要将最终的专利授权文本的权利要求与最终发布的标准之间进行权利要求比对分析，自行判断专利是否包括在标准中。

五、评估实例

前面介绍了专利价值评估的重要性和高价值专利培育的要点，下面就如何针对农机装备领域的专利价值进行评估做详细介绍。

农机装备是提高农业生产效率、实现资源有效利用、推动农业可持续发展不可或缺的工具，对保障国家粮食安全、促进农业增产增效、改变农民增收方式、推动农村发展起着非常重要的作用。《中国制造 2025》明确提出，要大力推动农机装备等十大重点领域突破发展。近年来，农机装备领域专利数量增长迅速，但专利质量良莠不齐，评估农机装备领域专利价值，进而识别高价值专利，推动其转移转化，将对农机装备领域突破发展具有重大意义。

1. 指标、数据与方法

（1）评价指标。评估指标的设计应有明确的现实意义，一方面各指标应能在客观的专利活动中找到依据；另一方面，从法律性、技术性和经济性 3 个维度评估专利价值是一种更清晰的思路。由于专利价值的形成与专利的自有特征有关，而自有特征可以从专利文本中获得，专利文本内容真实、规范、数据可获得性佳，同时蕴含技术、经济、法律信息，因此，本实例基于专利文本，从技术、法律、经济角度提取发明人、IPC 分类号等共 8 个评价指标，并通过文献的结构来获得指标的实测值，以满足计量分析的实际需要。8 个指标依次命名为 X_1–X_8，指标具体说明见表 6-1。

表 6-1　变量与说明

一级指标	二级指标	变量名	说　明
技术价值	发明人	X_1	团队的创新能力
	IPC 分类号	X_2	专利的应用广度
	对比国外专利	X_3	技术先进性
	背景技术	X_4	技术先进性
法律价值	权利要求	X_5	专利保护宽度、保护范围
经济价值	附图	X_6	技术实施难度
	同类专利	X_7	技术成熟度
	是否为后续专利	X_8	市场适应性

（2）数据与方法。以表 6-1 列出的 8 个专利评价指标为基础构建评价

模型。分析样本为农机装备领域 2015 年授权的 112 件发明专利，数据源自国家知识产权局专利数据库。之所以选择同一年度的授权发明专利进行分析，主要考虑由于分析样本的法律状态一致，因此可将分析重点着眼于专利文本。评价模型采用主成分分析法构建。首先计算各评价指标权重，其次确定所有指标在综合模型中的系数，最后通过归一化处理来确定最终模型。由数据统计样本得到指标相对权重，可避免主观判断因素对评价结果的影响。由于同类专利指标数值较大，因此在构建模型前对该指标进行了数据处理，以千件为单位，而发明人、权利要求、附图等其他指标均未做处理，为原值。

主成分分析法是将原有多个相关性较强的变量 X_1、X_2、…、X_P 重新组合，生成少数几个彼此不相关的变量 F_1、F_2、…、F_m，重新组合成一组新的互相无关的综合指标来代替原来的指标，线性组合见式（6-1）~式（6-3），本实例分析软件为 SPSS 19.0。

$$F_1 = a_{11}X_1 + a_{21}X_2 + \cdots + a_{p1}X_p + a_1\varepsilon_1 \qquad \text{式（6-1）}$$

$$F_2 = a_{12}X_1 + a_{22}X_2 + \cdots + a_{p2}X_p + a_1\varepsilon_2 \qquad \text{式（6-2）}$$

$$\vdots$$

$$F_m = a_{1m}X_1 + a_{2m}X_2 + \cdots + a_{pm}X_p + a_1\varepsilon_m \qquad \text{式（6-3）}$$

2. 模型构建

（1）KMO 检验。KMO 是 Kaiser-Meyer-Olkin 的取样适当性量数，吴明隆提出应用主成分分析法的基本条件是 KMO 值的最低限度为 0.5，方差贡献率最低可接受程度为 40%，从表 6-2 及表 6-3 看，KMO 值为 0.52，方差贡献率为 68.6%，符合主成分分析条件。此外，从 Bartlett 的球形度检验看，Sig 值为 0.018，达显著，代表母群体的相关矩阵间有共同因素存在，这也进一步确认了主成分分析法的适用性。从表 6-3 看，前 3 个成分特征值 > 1，其累计方差贡献率为 68.6%，基本反映了 8 个指标的信息，可替代原指标。第 1、第 2、第 3 主成分对原指标的载荷数见表 6-4。

表 6-2　KMO 和 Bartlett 检验

类别		数值
Kaiser-Meyer-Olkin 检验		0.520
Bartlett 的球形度检验	近似卡方	45.882
	df	28
	Sig	0.018

表 6-3　解释的总方差

成分	初始特征值			提取平方和载入		
	合计	方差的百分比（%）	累积百分比（%）	合计	方差的百分比（%）	累积百分比（%）
1	2.816	35.197	35.197	2.816	35.197	35.197
2	1.500	18.754	53.951	1.500	18.754	53.951
3	1.172	14.649	68.600	1.172	14.649	68.600
4	0.777	9.717	78.318			
5	0.686	8.570	86.888			
6	0.619	7.738	94.626			
7	0.335	4.191	98.818			
8	0.095	1.182	100.000			

表 6-4　旋转成分矩阵

类别	成分		
	1	2	3
发明人	-0.034	0.699	-0.020
IPC 分类号	0.335	-0.323	0.656
对比国外专利	0.224	0.822	-0.032
背景技术	0.815	-0.306	-0.070
权利要求	0.683	0.314	-0.102
附图	0.803	0.404	0.283
同类专利	0.174	-0.151	-0.802
是否后续专利	0.527	0.547	0.353

（2）指标权重与模型构建。首先，以主成分的方差贡献率为权重，求出 8 个指标在各主成分线性组合中的系数。具体步骤为：用表 6-4 中的载荷数除以表 6-3 中的特征根的开方，得出这 8 个指标在第 1、第 2、第 3 主成分线性组合中的系数，具体如表 6-5 中第 2~5 列所示。

表 6-5 指标在线性组合和模型中的系数

类别	第 1 主成分	第 2 主成分	第 3 主成分	综合得分模型中的系数	归一化后的系数
发明人	-0.020	0.571	-0.018	0.142	0.09
IPC 分类号	0.200	-0.264	0.606	0.160	0.101
对比国外专利	0.133	0.671	-0.030	0.246	0.156
背景技术	0.486	-0.250	-0.065	0.167	0.106
权利要求	0.407	0.256	-0.094	0.259	0.164
附图	0.479	0.330	0.261	0.392	0.248
同类专利	0.104	-0.123	-0.741	-0.139	-0.088
是否后续专利	0.314	0.447	0.326	0.353	0.223

其次，对 8 个指标在 3 个主成分线性组合中的系数做加权平均，得出指标在综合得分模型中的系数，见表 6-5 倒数第 2 列。

最后，对综合模型中的指标系数进行归一化处理，得出所有指标的权重，见表 6-5 最后一列。

模型确立如下。

$Y=0.09X_1+0.101X_2+0.156X_3+0.106X_4+0.164X_5+0.248X_6-0.088X_7+0.223X_8$，式中，$Y$ 为专利得分。

3. 结果分析

从模型来看，除同类专利指标与专利得分呈负相关外，附图、权利要求等其余 7 个指标均呈正相关。在 7 个正相关指标中，对专利得分影响稍大的因素有附图、是否为后续专利，其次是权利要求、IPC 分类号、背景技术、对比国外专利，影响最小的是发明人。

（1）附图对专利得分影响较大，附图数每增加 1 个，专利得分会增加 0.248。待评价专利涉及农机装备领域，实施该类专利技术会受到客观物质条件的限制，实施难度将直接影响技术转化成生产力的速度。若专利申请文本中附图数量多，则依此专利技术生产的产品，其制造便利性会相应提高，实施难度的减少将显著提高专利的经济价值。

（2）是否为后续专利也对专利得分影响较大，若专利为后续专利，则可提高专利得分 0.223。后续专利是在其他专利基础上研发的改进技术。若某件专利为后续专利，则可以认为该专利技术所处技术发展阶段已较为成熟。专利技术转化为商品、形成产业在市场中运营的能力，与技术成熟度有关系，技术越成熟，市场化能力越强，价值越大。虽然后续专利技术先进性略显不足，技术价值分值不一定高，但由于技术成熟度高，经济价值相对较高，因此总体对专利价值影响较大。

（3）权利要求与专利得分呈正相关，权利要求是专利保护的实质内容，是专利的核心，也是确定专利保护范围的最直接要素。从模型来看，权利要求项每增加 1 项，专利得分可增加 0.164。

（4）对比国外专利、背景技术均与专利得分呈正相关。若一件专利的申请文本中，其对比国外专利数或者背景技术数较多，则说明该专利对现有国内外先进技术进行了较为充分的分析和挖掘，技术起点较高，在技术空白点搜寻和甄别上敏锐度较高，技术先进性较强，专利技术价值也较高。从模型来看，对比国外专利数每增加 1 项，可提高专利得分 0.156，背景技术项每增加 1 项，专利得分可增加 0.106。

（5）IPC 分类号与专利得分呈正相关。当一件专利具有若干个 IPC 分类号时，意味着该专利涉及多个不同类型的技术主题，换言之，该专利的适应范围较广，专利的技术价值也因此较高。从模型来看，IPC 分类号每增加一项，专利得分可增加 0.101。

（6）发明人指标对模型影响较小，可能的原因是选取的待评价专利均为发明专利，而发明专利的专利权人一般以高校和科研院所为主，其发明创造的模式相似度较高，因此，对专利价值影响总体不大。如果选用不同类别的专利类别，该指标有可能对模型影响会变大。

（7）同类专利与专利得分呈负相关，同类专利数越多，专利得分则越低。同类专利数多，表明专利涉及的技术相对成熟，专利技术及产品的需求量或市场容量相对饱和，市场效益不高，对专利经济价值形成负面影响。从模型来看，同类专利数每增加 1 000 件，专利得分减少 0.088 分，虽然该指标与专利得分呈负相关，但单纯从数值来看，对专利得分影响并不大。

4. 实证分析

为验证模型的有效性和实用性，本实例以农机装备领域某科研优势单位 2015 年授权的 20 件发明专利进行实证分析。通过模型计算，得出 20 件待评价专利的得分，见表 6-6。为进一步验证模型的有效性和准确性，采用专家打分法对 20 件专利进行评估。实际操作中，每件专利由 5 位专家进行评估，其中 2 位技术专家来自科研单位，1 位法律专家来自专利事务所或知识产权局，2 位经济专家中 1 位来自国内知名农机企业，1 位为从事成果转化工作的专业人员。虽然专家打分法存在指标难以获取而缺乏数据支持的弊端，但由于参与评估的专家均为领域内专业人士，即使评估过程掺杂了主观判断因素，仍然可以认为他们对专利的总体评价基本可信。专家打分值见表6-6。

表6-6　专利得分

评价专利	模型得分	排序	专家打分	排序
专利1	13.76	1	22.57	1
专利2	9.34	4	20.68	9
专利3	3.25	16	20.22	12
专利4	3.90	7	20.66	10
专利5	3.02	17	20.58	11
专利6	10.65	2	21.76	5
专利7	3.49	13	16.91	19
专利8	5.17	5	21.47	6
专利9	2.79	18	18.69	16
专利10	3.27	15	19.05	15
专利11	3.58	12	20.85	8
专利12	4.65	6	21.82	3
专利13	3.83	9	21.78	4
专利14	2.00	20	17.97	18
专利15	3.34	14	18.47	17
专利16	2.01	19	16.18	20
专利17	3.87	8	21.15	7
专利18	3.72	11	20.09	13
专利19	3.74	10	19.81	14
专利20	9.81	3	22.15	3

从表6-6来看，模型得分的最大值为13.76分，最小值为2.00分，而专家打分的最大值为22.57分，最小值为16.18分，显然模型得分的分值区间要比专家打分大，表明该模型在价值评估上精准性更强。分别根据模型得分值和专家打分值对专利进行排序，序列值见表6-6，发现两个排序虽存在差异，但差异并不大，属于在一定的区间内波动。考虑到专家打分的分值变化度较小的因素，因此这种波动是可以接受的，由此认为模型得分和专家打

分两者吻合度较好，也验证了模型的有效性和准确性。

5. 讨论

（1）评价模型基于专利文本，因此选用的专利数据均为2015年授权的发明专利，法律状态趋于一致。若评价指标不局限于专利文本，则可将法律状态作为评价指标纳入模型。

（2）评价模型选用的是同类专利数，而非常规选用同族专利。原因在于实践中发现，农机装备领域有同族专利的专利非常少，而同类专利数实操性更强。若某领域专利存在同族专利数较多，则可将该指标纳入模型。

（3）目前评价模型仅在小范围实证研究中获得了较理想的检验效果，有待针对更大范围开展较大数据样本的检验。

6. 结语

本实例针对农机装备领域专利价值评估盲区，构建了农机装备领域专利价值评估模型。首先分析和选取了专利信息数据中有利于价值评估的指标，并对部分指标进行了数据处理，然后采用因子分析法确定各指标的权重，并依此构建评价模型。在对模型进行实证分析后，进一步采用专家打分法对模型的有效性和精准性进行了验证。结果表明，模型应用效果良好，除同类专利指标与专利得分呈负相关外，附图、权利要求等其余7个指标均呈正相关。在7个正相关指标中，对专利得分影响稍大的因素有附图、是否为后续专利，其次是权利要求、IPC分类号、背景技术、对比国外专利，影响最小的是发明人。

由于该模型基于专利文本，统计数据获得便利，避免了个人经验判断上的主观性和模糊性对评估结果的影响，信息的有效性、可靠性和真实性得以保证，因此提高了专利评估的效率、精确度和可操作性，为农机装备专利评估工作提供了更加客观的多维化视角。当然，由于该评价模型基于专利文本，也不可避免地会受到专利文本内容及量化数据所限，相关指标的科学性有待进一步完善和提高。在实践运用中，可根据评价内容和评价活动的需要，与其他指标灵活组配，以开展更深入、更全面的评估。

第七章　涉农专利运用

涉农专利成果只有同国家需要、农民需求、市场需求相结合，完成从科学研究、试验开发、推广应用的三级跳，才能真正实现其价值，才能更好地发挥其服务现代农业高质量发展的重要作用。

涉农专利运用的概念。涉农专利运用是指在农业技术创新、转移和扩散过程中，涉农专利权人利用专利制度提供的专利保护手段及专利信息，谋求获取竞争优势或收益的总体性谋划。

第一节　涉农专利运用的主要方式

涉农专利运用是行使专利权的方式，其目的是实现涉农专利技术成果的转化、应用和推广，促进农业科学技术进步和发展生产。

涉农专利运用的两个方向：一是从专利成果出发找到可以被市场接受的产品；二是从生产实践的需求出发找到可以解决相关问题的专利技术。

涉农专利运用方式包括自主利用和他人利用。

自主利用主要是涉农专利权人直接或间接实施专利、禁止他人侵权使用等。

他人利用主要包括涉农专利许可、转让、技术入股、拍卖、质押、商业特许经营、捐赠、强制执行、破产处分等，其中许可和转让是涉农专利最主要、最基本的利用方式。

下面介绍几种常见的他人利用的方式。

一、涉农专利许可

涉农专利许可的方式主要有5种：独占许可、排他许可、普通许可、分许可、交叉许可。

1. 独占许可

它指在合同规定的期限和地域内，被许可方和许可方都对该专利技术及其产品拥有制造、使用和销售的权利，包括权利人在内的他人无权行使。

2. 排他许可

它指在合同规定的期限和地域内，被许可方和许可方都对该专利技术及其产品拥有制造、使用和销售的权利，但许可方不能再将技术许可给第三方。

3. 普通许可

它指在合同规定的期限和地域内，被许可方和许可方都对该专利技术及其产品拥有制造、使用和销售的权利，而且许可方还可以把专利技术许可给第三方。

4. 分许可

它指许可方同意在合同上明文规定被许可方在规定的时间和地区实施其专利技术及其产品的同时，被许可方还可以自己的名义，再许可第三方使用该专利技术及其产品，被许可人与第三人之间的实施许可就是分许可。

5. 交叉许可

它指许可双方将各自的专利技术，供对方使用。双方的权力可以是独占的，也可以是非独占的。

二、涉农专利转让

涉农专利转让有两种转让形式，一是涉农专利申请权转让，二是涉农专利权转让。

在一般市场上看到的都是涉农专利权的转让。涉农专利申请权的转让，是将涉农专利证书上的申请人变更为受让人。而一般常见的涉农专利权转让，不会改变涉农专利证书上的申请人。

三、涉农专利质押

涉农专利质押是指经工商行政管理机关核准的具有独立法人资格的涉农企业、经济组织、个体工商户，依据已被国家知识产权局依法授予专利证书的发明专利、实用新型专利和外观设计专利的财产权作质押，从银行取得一定金额的人民币贷款，并按期偿还贷款本息的一种新型贷款业务。

四、涉农专利权信托

涉农专利信托是指涉农专利权人将自己的专利技术的转化工作委托别人（即金融信托投资机构），受托人依照国家有关法律、法规接受专利委托，并着力于将受托项目进行转化的一种信托业务。涉农专利信托是涉农专利权人以出让部分投资收益为代价，在一定期限内将涉农专利委托信托投资公司经营管理，信托投资公司对受托专利的技术特性和市场价值进行深度发掘和适度包装，并向社会投资人出售受托专利风险投资收益期权，或者吸纳风险投资基金，构建专利转化资本市场平台，从而获取资金流。

五、涉农专利拍卖

1. 传统专利交易模式

传统的专利交易主要是通过双方谈判来实现。在双方谈判中，买家和卖家就交易的价格、支付方式等相关内容进行谈判，从而达成双方都同意的一系列条款，同时买家和卖家通常还签署了保密协议，就专利相关的保密信息等事项进行约定。

但是这种私下交易模式存在如下 3 个突出的问题。

一是由于交易是非公开进行的，缺乏透明度，信息披露不充分，双方选择余地有限，加上专利的差异性较大，容易导致成交价格不能反映公平的市场价值。

二是即便双方进行过信息共享，仍然会存在信息不对称的问题，容易导致交易过程缓慢，从而增加交易的时间和成本。

三是对于卖家而言，由于无法聚集足够多的感兴趣的买家，因此不会产生竞价，容易导致成交价格偏低。

2. 涉农专利拍卖

涉农专利拍卖是指以公开竞价的方式，将涉农专利的产权转让给最高应价者的买卖方式。

2015 年 8 月 29 日第十二届全国人大第十六次会议通过的《中华人民共和国促进科技成果转化法》第十八条规定，国家设立的研究开发机构、高等院校对其持有的科技成果，可以通过协议定价、在技术交易市场挂牌交易、拍卖等方式确定价格。这实际认可了拍卖行为本身就是一种专利价值的市场评估方式，将第三方的价值评估转变成卖家自发自愿的市场行为，有效简化了过去进行专利成果转化时的审批和评估手续，节约了交易成本，缩短了交易时间。

专利拍卖是对传统的技术转移方式的有效补充，可以作为涉农权利人进行专利技术转移转化的一种重要手段。其公开透明的操作模式、高度市场化的定价机制和规范的交易流程对于完善专利技术转移体系有着重要的意义。通过市场化的竞价交易方式来实现专利权转移，不仅促进了专利技术的快速高效流转，也为急需获取高质量技术成果的涉农企业提供了快速、双赢的购买渠道。在当前促进专利技术转移转化的环境下，涉农专利拍卖的好时机已经来临。

3. 中国科学院计算技术研究所（以下简称“计算所”）的成功案例

计算所率先尝试采用市场化的方式，集中将专利向市场进行公开的推介与展示，有效解决了专利转化中存在的价值评估难题，促进了科研成果向现实生产力的转化，其成功经验为涉农专利拍卖提供了借鉴。

计算所分别于2010年、2012年和2013年举办了三届计算机领域的专利拍卖会，有效地探索了产学研结合和技术转移的新途径，引起了社会各界的强烈反响。2010年举办的首届专利拍卖会，成交标的28项，成交率达40%，成交额近280万元。2012年举办的第二届专利拍卖会，多媒介、跨地区的多种拍卖方式吸引了30多家企业参与专利竞拍，共成交标的87项，成交率37.5%，成交金额426万元，相比首届拍卖会，成交专利标的增加59项，增幅211%，成交总额增长近150万元，增幅63%。2013年度的专利拍卖，首次尝试完全由计算所和各分部/分所共同来完成招商、推介和举办。

计算所通过在以下四个关键环节上下功夫，保证了专利拍卖取得成功。

一是成立了由技术转移中介服务机构、拍卖机构及知识产权服务机构共同参与的联合工作组，发挥现代服务业组织对科研技术领域自主创新、成果转化及知识产权运用的支撑与促进作用。

二是通过对已经授权专利的筛查和内部分级，使计算所对拍卖标的有合理判断，形成相对客观的专利起拍价格。

三是通过网络、媒体、现场说明会等多种方式公布专利清单，并进行技术问题、技术方案、技术效果和应用场景进行讲解和宣介。

四是网络和现场竞拍相结合，对于在拍卖中没有成交的专利项目，允许买家在拍卖后与计算所继续进行私下谈判，包括以低于起始保留价与买家成交，以及提供相应技术服务等。同时由于现场拍卖受时间、场地的限制，可以同时采用网上在线拍卖方式，在现场拍卖之外为竞拍者提供更为便利的竞拍机会。

计算所率先尝试采用市场化的方式，集中将专利向市场进行公开的推介与展示，有效解决了专利转化中存在的价值评估难题，促进了科研成果向现实生产力的转化。

六、涉农专利技术入股

涉农专利技术入股是指以涉农专利技术成果作为财产作价后，以出资入股的形式与其他形式的财产（如货币、实物、土地使用权等）相结合，按法定程序组建有限责任公司或股份有限公司的一种经营行为。在运用涉农专利进行出资中除了涉及专利本身的特殊性外，更多地涉及《中华人民共和国公司法》的内容。

中国科学院大连化学物理研究所（以下简称“大连化物所”）在专利技术入股方面有着非常成功的经验，下面具体介绍其中的一个典型事例。

大连化物所自2002年开始从事液流电池储能技术的研究。2006年，大连博融（产业）投资公司给予大连化物所资金支持液流电池储能技术研发。经过数年的技术研发和积累，大连化物所成功地开发出2kW、5kW、10kW电池模块和10kW电池系统，并于2008年成功开发出国内首套100kW全钒液流电池储能系统。

在此基础上，2008年10月，以博融（大连）产业投资有限公司、大连化学物理研究所及该项技术主要发明人张华民共同投资组建成立了大连融科储能技术发展有限公司（以下简称“大连融科储能公司”），公司业务以液流电池产业化为主要目标，其中大连化物所的出资全部为无形资产，具体包括自身拥有的2件发明专利和6项专有技术，以及与博融（大连）产业投资有限公司共同拥有的4项专有技术。

2011年至今，大连化物所与大连融科储能公司持续开展合作，成功开发出千瓦到兆瓦级液流电池系统，并实施了10余项从千瓦到兆瓦级液流电池在可再生能源发电供电系统中的应用。

七、涉农专利强制执行

强制执行即强制许可，又称为非自愿许可，是指在法定情形下，国务院专利行政部门可以不经涉农专利权人的同意，直接允许强制许可申请人实施涉农专利权人的发明或实用新型的行政措施。强制许可有以下几种类型。

1. 未在合理长时间取得使用权的强制许可

也就是说，例如某个单位或个人申请了一个涉农专利，但是一直没实施，法律认为这种行为是浪费资源，某请求人发现该专利的权利人不用，但是他又想用，于是就提出申请，请求人应当具备的条件如下。

一是请求人必须是具备实施条件，也就是具备生产、制造、销售专利产品或使用专利方法的基本条件。

二是请求人必须曾以合理条件与专利权人就实施其专利进行过协商，合理的条件主要是关于使用费的支付、技术服务等双方需履行的基本义务。

三是请求人没有在合理长的时间内获得专利权人的许可。

2. 为国家利益或公共利益的需要给予的强制许可

在国家出现紧急状态或非常情况时，或者为了公共利益的目的，国务院专利行政部门可以给予实施发明专利或实用新型专利的强制许可。

3. 从属专利的强制许可

从属专利的强制许可是基于专利间的依赖关系授予的，一项取得专利权的发明或者实用新型，比之前已经取得专利权的发明或者实用新型具有显著重大技术进步，其实施又有赖于前一发明或者实用新型的实施的，为了促进先进专利技术的实施，可以授予后专利权人实施前专利技术的强制许可，同时也可以授予前专利权人实施后专利技术的强制许可。

第二节　涉农专利池

一、涉农专利池的概念

涉农专利池是一种由涉农专利权人组成的涉农专利许可交易平台，通常由某一技术领域内多家掌握核心专利技术的单位通过协议结成。平台上专利权人之间进行横向许可，有时也以统一许可条件向第三方开放进行和纵向许可，许可费率由专利权人决定。

涉农专利池各成员单位拥有的核心专利是其进入涉农专利池的入场券。进入涉农专利池的单位可以使用“池”中的全部专利从事研究和商业活动，而不需要就“池”中的每个专利寻求单独的许可，“池”中的单位彼此间甚至不需互相支付许可费。“池”外的单位则可以通过一个统一的许可证，自由使用“池”中的全部知识产权。

涉农专利池的出现是现代农业科技发展和专利制度结合下的必然产物，构建涉农专利池的目的是加快涉农专利授权，促进涉农专利技术应用。

二、涉农专利池的分类

涉农专利池依其是否对外许可分为开放式专利池和封闭式专利池。

开放式专利池成员间各自专利可以相互交叉授权，对外则由专利池统一进行许可。

封闭性专利池只在专利池内部成员间交叉许可，不统一对外许可。

开放式专利池是现代专利池的主流，其对外许可方式通常为一站式打包许可，即将所有的必要专利捆绑在一起对外许可，并且一般采用统一的许可费标准，许可费收入按照各成员所持必要专利的数量比例进行分配。

涉农专利池的对外专利许可事务可委托专利池成员代理，也可授权专设的独立实体机构来实施。随着技术标准与知识产权的日益结合，涉农技术标准中核心专利的持有人，往往会组成专利池以解决复杂的专利授权问题，可以预见的是在技术标准下的开放式涉农专利池将会成为最有影响力的涉农专利池。

三、涉农专利池的作用

涉农专利池最重要的作用在于它能消除涉农专利实施中的授权障碍，有利于涉农专利技术的推广应用。

不同的涉农专利之间存在 3 种关系：障碍性关系、互补性关系和竞争性关系。

1. 障碍性涉农专利

障碍性涉农专利往往产生于在先的基本涉农专利和以之为基础后续开发的从属涉农专利之间，从属涉农专利缺少了基本涉农专利就不可能实施。相反，基本涉农专利没有从属涉农专利的辅助往往难以进行商业化开发。因此，障碍涉农专利之间的交叉许可就显得十分必要。

2. 互补性涉农专利

互补性涉农专利一般是由不同的研究者独立研发形成的，二者之间互相依赖，各自形成某项产品或技术方法不可分离的一部分。同障碍性涉农专利一样，互补性涉农专利也需要相互授权才能发挥作用。

3. 竞争性涉农专利

竞争性涉农专利也称为替代性涉农专利，是指在某项发明实施过程中可以相互替代的涉农专利，二者是非此即彼而不是互为依存的关系。对于竞争性涉农专利，一般认为，如果它们存在于同一涉农专利池中，将会引发垄断的问题。因此，排除竞争性涉农专利进入涉农专利池成为反垄断机关审查专利池的重要内容之一。而对于障碍性涉农专利和互补性涉农专利，如果将其放入同一涉农专利池中，将会消除涉农专利间互相许可的障碍，从而促进技术推广。

涉农专利池的另一显著作用是能显著降低涉农专利许可中的交易成本。涉农专利池对外实行一站式打包许可，并采用统一的标准许可协议和收费标准，从而被许可方不必单独与涉农专利池各成员分别进行冗长的专利许可谈判，极大地节约了双方的交易成本。

涉农专利池还能减少涉农专利纠纷，降低诉讼成本。涉农专利池成员间的专利争议可通过内部协商解决，而无须对簿公堂。即使出现了专利纠纷，涉农专利池作为一个整体代表专利池成员参与诉讼，可使诉讼过程大为简化。避免社会法律资源的巨大浪费。

涉农专利池所具有的上述积极作用使其得以产生和发展，随着现代农业的发展，涉农专利池队伍将会不断壮大，其产业影响力也将越来越大。

第三节　欧美高校代表性技术转移中心介绍

大学研究能影响国家经济吗？这点毋庸置疑。通过大学技术转移，以科技创新驱动社会经济发展已经成为各国政府的共识。据美国生物技术产业组织的意向研究估计，1996—2010 年美国各大学专利许可的经济影响高达 3 880 亿美元，创造了 300 万个就业岗位，产学研之间的协作关系已经逐渐成为一个国家高校创新生态系统的关键组成部分。

美国、德国、英国的大学技术转移中心在专利运用方面有着非常成功的经验值得借鉴，下面介绍几个代表性的大学技术转移中心。

一、美国的斯坦福大学技术转移中心

该中心成立于 1970 年，学校的职务成果均需向中心披露，由中心组织专家评估，由中心出资申请专利，中心对外签订专利许可协议，约 50%的披露会申请专利。15%的收益直接补贴中心运行经费，扣除专利费用后的净收益中，1/3 归发明人，1/3 归发明人所在系，1/3 归发明人所在学院（表 7-1）。

表 7-1　斯坦福大学 2010—2014 年专利运营收入

年度	总收入（亿美元）	涉及专利数（件）	专利费（亿美元）
2010	66. 5	553	9. 8
2011	66. 8	600	9. 3
2012	76. 7	660	8. 7
2013	87. 0	622	7. 5
2014	108. 6	655	7. 0

二、德国的史太白专业技术转移中心

该中心成立于1998年，是以高校（研究所）教授为核心的企业化运营机构。该中心以中小企业为服务对象，主要利用教授的业余时间开展技术转移咨询和服务，如果中心任务涉及教授的专职工作时间，或涉及原单位的知识产权，由中心和原单位另行签订协议。由中心教授申请或中心根据市场需求寻找合适的教授来开展中心的运营工作，中心其他人员由教授招聘，合同一般签订3年，优胜劣汰，中心按业务量的10%提取管理费。

中心在欧盟的产学研合作基金中占有主导地位，负责组织高校、研究机构和中小企业组成项目联合体，完成申报文件、开发计划、权利义务和资金分配方案，负有组织协调、项目经费统筹、应对技术合作方中途退出等责任。

三、德国的巴伐利亚技术转移中心

该中心成立于2002年，成员学校的职务成果均需向中心披露，由中心组织专家评估。由中心出资申请专利，中心与学校签订专利使用协议，约30%的披露会申请专利。该中心每年有300~400件专利申请，以专利技术出资的时候，中心是股东，一般占股20%，教授占股一般不超过50%。

四、英国牛津大学的ISIS创新公司

该公司为牛津大学全资拥有，预算由牛津大学提供，收益归牛津大学所有，纯市场化运作，即需要开展学校的内部营销，也需要对外进行外部营销，支持学者们将科研成果以专利、特许权、技术入股、咨询服务等形式商业化，学者们因此分享特许经营收益、股权收益和咨询服务收益。

1. 特许经营收益

经过授权给ISIS公司的专利，由ISIS创新公司支付所有的专利成本，然后再以30%的比例从特许经营收入中回收成本。

2. 股权收益

创业公司的股东有研究人员、学校、投资者和公司管理者，研究人员的股权份额与学校相同，投资者的股权份额根据协议确定，公司管理者的股权份额在5%~15%。每一方均拥有公司决策否决权。

3. 咨询服务收益

学者外出咨询每年不超过30天，并且必须由学校批准。ISIS创新公司

负责向学者们提供从事咨询服务工作的机会并与之签订咨询服务协议，ISIS创新公司从咨询服务收入总扣除15%的管理费。

第四节　美国加州大学戴维斯分校技术转移策略探析

美国加州的经济发展与加州大学的发展密不可分。通过加州大学实验室的研究，催生了一批新兴产业和新产品。技术许可协议的签署开启了大学和产业协作伙伴的长期关系。世界上第一、第二、第三和第五大的生物技术公司都位于加州。2005—2015年加州成立了285家初创公司，仅2015年就创收了1.77亿美元。

作为加州大学的十所分校之一，戴维斯分校成立于1908年，是美国一所著名的公立大学，具备强大的研究基础，拥有支持技术转移和产业合作的基础条件和商业开发网络，是地区和国家经济发展的技术来源。戴维斯分校创新成绩受益于大学技术转移。大学在技术转移体系构建中，通过确立技术转移目标，制定知识产权政策，设立技术转移办公室，实施技术转移全过程管理，从不同方面保障与促进了大学技术转移体系的建设，形成了有效的运行机制，逐渐构建了具有自身特色的技术转移模式。为国内涉农高校和院所技术转移及创新战略的实施提供了可借鉴的经验及启示。

一、技术创新原则和法律框架

1. 技术创新原则

加州大学戴维斯分校技术创新遵从加州大学统一实施的“八项原则”，即公开传播和发布，服务学生，可用于科研和非商业研究，公共利益优先于盈利，所有研究人员的全面参与，法律和道德的统一，公共资产商业利用的公正考虑，客观决策务求无利益冲突。

2. 法律框架

和美国其他大学一样，加州大学戴维斯分校支持创新和经济发展的法律框架是《拜杜法案》。《拜杜法案》由美国国会参议员Birch Bayh和Robert Dole提出，1980年由国会通过，1984年又进行了修改。

该法案旨在通过赋予大学和非营利研究机构对于联邦政府资助的发明创造享有专利申请权和专利权，鼓励大学和非营利研究机构展开学术研究并积极转移专利技术，促进小企业的发展，推动产业创新。该法案的成功之处在于：通过合理的制度安排，为政府、高校、科研机构、产业界共同致力于政府资助研发成果的商业运用提供了有效的制度激励，从而产生了促进科研成果转化的强大动力，由此加快了技术创新成果产业化的步伐，使得美国在全球竞争中能够维持技术优势，促进经济持续繁荣。

《拜杜法案》被英国《经济学家》杂志评价为“美国国会在过去半个世纪中通过的最具鼓舞力的法案”。该法案的实施促进了公众广泛从创新中获益。如著名的黄金大米，尽管花费了巨额研发经费，研究涉及了 70 个专利，其中，商业公司持有 7 个专利，63 个属于其他公共机构。但在《拜杜法案》支持下，其专利权属问题已通过协商基本解决，包括中国在内的发展中国家的广大农民可以无偿使用。

二、技术转移目标

加州大学戴维斯分校的技术转移目标包含以下 4 个方面。

（1）以服务为中心为学校研究人员提供服务。深入了解研究人员的技术领域，为所有希望参与技术转移活动的人员及时提供服务，为那些对创业感兴趣的研究人员提供咨询和帮助，为确保交易快速完成提供事务性支持。

（2）以转移为中心实现学校技术的社会效益最大化。为具有商业潜力的每项发明确定最佳商业化路线，具体路线包括技术许可、建立初创企业、寻求合作伙伴。无论市场规模大小，为那些具有不同商业化优势的技术获取专利权，力求使技术转移的数量最大化，同时减少交易成本，使许可交易金额最大化。

（3）以创造就业为核心发挥学校促进经济发展的引擎作用。最大化利用商业开发功能，通过初创企业将更多的技术引入市场，利用机构的本地资源化优势和区域性影响，与当地经济发展机构建立战略性伙伴关系。

（4）以收入为中心为学校提供收入来源。通过谈判获得高额许可费和预付费用，最大限度提高新晋许可人的收益，专注于排他许可，排除研究豁免，使研究装备、方法、过程和研究试剂的许可收益最大化；宣告现有专利权以对抗涉嫌侵权者，通过强势审计，最大限度地从现有被许可人处获得收入。

三、知识产权政策

基于知识产权的技术转移是加州大学戴维斯分校的使命和核心。从研究开发到商业化涉及许多复杂的决定。所有的决定都围绕学校技术转移目标来引导，依据技术转移政策来确定。知识产权政策需要考虑商业化利益相关者的合法权益，并平衡潜在的利益冲突。相关者包括大学、发明者、赞助商、政府和公众。加州大学戴维斯分校知识产权政策是通过与研究人员、职代会或其他机构共同协商制定的，政策通俗易懂，为参与者提供激励。知识产权的管理由主管大学的副校长负责。

1. 主要框架内容

（1）阐明机构宗旨。

（2）明确各方义务。

（3）涵纳国家法律和国际条约。

（4）平衡多个利益相关者的利益。

（5）为学校员工提供引导和思路，其中，员工的义务为：发布前有义务披露，向学校转让所有权，协助评估和申请专利，报告利益冲突；学校的义务为：有效透明地管理知识产权，支付专利费，分享（或不分享）收益，支持技术转移机构，做出客观决定；技术转移机构的义务为：有效透明地管理知识产权，支付专利费，分享（或不分享）收益的义务，支持学校使命，做出客观决定。

2. 权益分配

技术转移净收入的分配：发明者占35%，校园研究基金占15%，余下的50%归发明者所在的院系或实验室的总账户。

3. 利益冲突和敬业冲突

当学校开始积极进行技术转移时，利益冲突和敬业冲突发生的可能性会急剧增加。利益冲突来自员工（包括教授、研究人员和工作人员）任何可能影响、损害或不符合大学对员工要求或者职业规范的外部兴趣和活动。在研究和技术转移领域，主要包括影响研究和其他项目的审批、设计、实施或报告的重大经济或其他利益。当大学员工将更多的时间花费在外部活动时，将可能与大学的责任冲突，这便是敬业冲突。加强对技术转移敬业冲突和利益冲突管理的必要措施是制定相关的管理政策。作为大学知识产权政策的重要组成部分，这部分也必不可少，相关政策主要内容如下。

（1）利益冲突政策。大学员工，包括教师、研究人员和工作人员，要根据大学利益来行事和做决定。任何有外部经济利益、可能影响大学决定的，都必须披露其外部利益，并在大学决策时进行回避。例如，任何与大学进行业务或知识产权谈判的第三方中有经济利益的人，都不能参与谈判或与谈判有关的活动。

由具有外部经济利益的第三方出资的研究，大学员工必须披露相关经济利益，以确保该研究符合大学标准，不能误导大学只关注研究赞助方的经济利益。涉及人类主题的研究将会由生物道德委员会进行更高级的利益冲突审查。一般而言，如果某研究人员在研究赞助方或者有任何经济利益的公司或组织中有外部经济利益，那么他将被禁止参与或指导人类科目的研究。

（2）敬业冲突政策。大学鼓励员工与外部组织（包括政府机构和私企）进行合作，前提是合作有利于教学以及大学的技术转移。同时要求大学员工应该将大学视为其主要的服务对象，与外部组织的接触不应妨碍他们对大学的主要责任，每个部门对大学的具体责任有所不同，研究人员与主管领导、院系领导或主任有责任确保外部活动不会对大学的主要工作产生负面影响。

四、技术转移机构

美国加州大学戴维斯分校设立技术转移办公室（Office of Technology Transfer，以下简称 TTO）开展技术转移工作。TTO 在知识产权规划与管理、科技成果转移转化等方面发挥了巨大作用。TTO 并不会使学校变得非常富有，学校也不会以此为生，但是一个成功的项目除了会给学校带来一小部分的收益外，它还会给学校和社会带来其他方面的收益。TTO 对内是高校知识产权的掌门人，对外是知识产权交易的撮合人，通过技术经理人与各行业的广泛接触，TTO 能基于最优匹配而非便利原则开展技术转移工作。

1. TTO 架构

TTO 分为前端和后端部门，详见图 7-1。前端办公部门主要负责发明评估评价、专利申请和执行、材料转让协议签订、创业。后端部门主要负责财务管理、IT 基础设施建设、内部法律建设（自审并与学校政策一致）。

2. TTO 人员配备

专利许可人员和知识产权高管是 TTO 的核心员工。相关人员要求有专业的科学知识背景、法律和商业背景，熟悉专利事务，了解学术、工程等领域技术发展现状，在业界和学术界均有一定的经验。2015 年美国加州大学戴维斯分校技术转移机构共 25 个全职工作人员为全校价值 8 亿美元的研究和 250 项发明披露提供了支撑服务。

五、技术转移路径和模式

1. 发明评估

发明披露通知 TTO 后，即启动技术转移过程，发明披露不是公开披露，

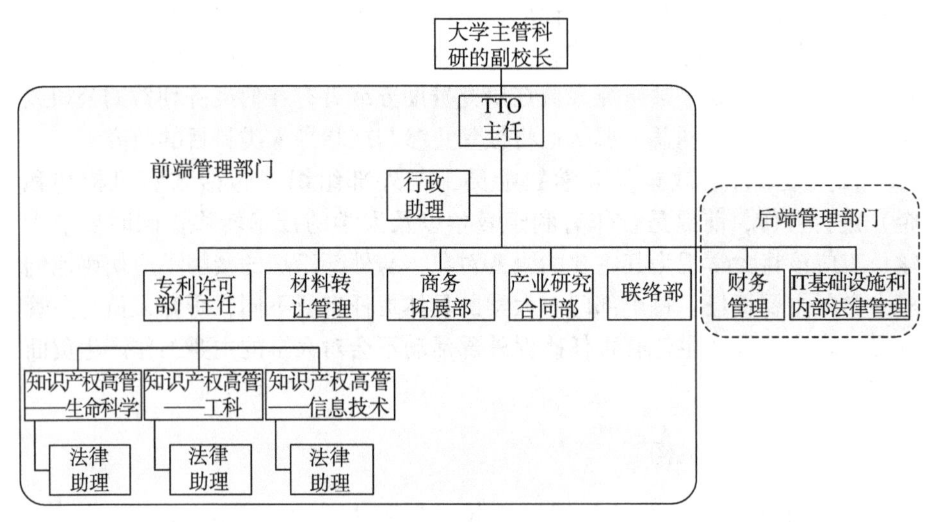

图 7-1　TTO 架构

不创造或保护知识产权，但这是迈向知识产权保护的第一步。专利的获取和维护成本很高，资金回笼的不确定性相当大，因此需要从专利性和市场性角度进行详细评估，深度权衡某项发明的申请是否物有所值。这是技术转移过程中最昂贵的决定，而且是不完美的。获得专利并非终极目的，这只是商业化进程中的第一步。TTO 主要负责。

（1）获得保护范围广而且稳固的权利。

（2）行使权利排除第三方。

（3）起诉侵权人。

知识产权保护、管理与运用决策过程见图 7-2。

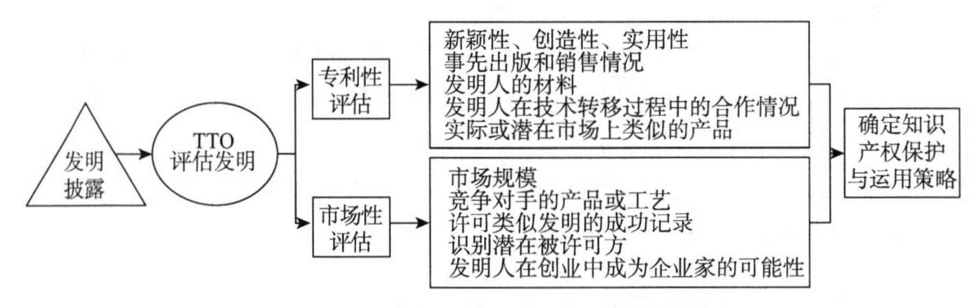

图 7-2　知识产权保护、管理与运用决策过程

2. 风险管理

自由实施（Freedom To Operate，FTO）是对一定技术范围内的知识产权进行持续性的法律评估，确保发明不会侵犯别人的知识产权。FTO 分析是在给定技术领域，按国内、地区和国际分别对相关专利进行分析。深度分析主要参与方、专利趋势、主要利益相关者、合作潜力、专利技术的法律状况、重点专利、障碍专利和有价值专利等。FTO 分析有助于最终产品的商业策略设计，排除第三方知识产权和有形财产权设置的障碍，避免造成侵权，保证最终产品投放和商业化的顺利进行。FTO 检索是一个动态的分析过程，在研发阶段就要尽可能完成大部分工作。

美国加州大学戴维斯分校技术转移的风险管理策略是根据 FTO 的风险评估结果，及时放弃或调整商业和研究目标，包括应用领域和应用地区的调整。FTO 风险评估后，仍继续当下的策略，则需要考虑是否能容忍遭遇侵权诉讼。TTO 有时也通过扩大 FTO 检索，采取用其他技术替换、购买专利或许可权、相互授予许可权、绕过障碍专利进行发明申请等多种方式进行风险管控。

3. 技术转移模式

出于法律或无法满足相关义务要求等原因，加州大学戴维斯分校一般不转让专利权，转让模式为许可，详见图 7-3。如草莓品种，采用非排他性许可方式在全球寻找合作伙伴；海藻糖采用独家许可方式或寻求其他领域的合作伙伴进行共同研发；可溶环氧化物水解酶采用以股权创办公司，并加上使用费的方式；遗传资源通过产品许可费进行资产保障。

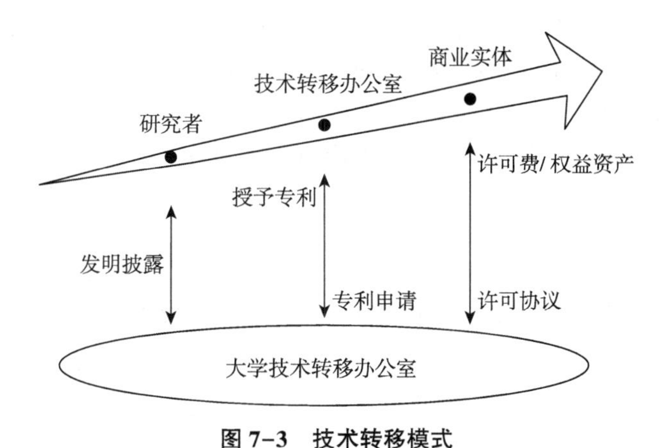

图 7-3　技术转移模式

4. 技术许可全程管理

技术许可的全程管理包括前期准备、被许可方、许可条款、对价 4 个方面。

(1) 前期准备。有九大要点：一是大学有权使用被许可的发明，并有权允许其他非营利性机构或组织使用；二是排他性许可应该合理规划，鼓励技术发展和使用；三是努力降低后续改进的许可成本；四是大学应参加并帮助处理技术许可引发的利益冲突；五是确保研究工具大范围使用；六是慎重考虑强制行为；七是注意出口法规；八是注意与专利运营机构合作的内在含义；九是应增加相关条款考虑尚未满足的需求，例如，被忽视的病患人数、地理区域等。

(2) 被许可方。明确被许可方是否包括关联企业或子公司，关联企业是现存关联企业，还是也包括将来设立的。

(3) 许可条款。由如下要素构成：许可类型（排他或非排他），财产权和知识产权的界定，被许可的权利，使用领域和地域的限制，许可人的权利保留，分许可。

值得一提的是许可条款中的分许可和权利保留。如果被许可方实施实施分许可，那么 TTO 需要确认，分许可给谁？是任何人、关联机构还是有其他限制？权利保留是指学校应保留实施发明许可的权利，许可非营利组织和政府机构使用发明。若未明确权利保留，则可能会面临教授在将来的科研项目中能否使用自己的发明，如果发明人跳槽到其他单位工作，能否在新单位将自己的发明用于科研或教学等问题。

(4) 对价。对价是合同双方针对许可标的的价值考虑。技术作为一种特殊的商品，其价格的确定远比普通商品复杂。公平合理地就技术价格和支付方式达成一致，是 TTO 商业性技术转移的核心内容之一。分析学校技术转移的成本和买方购买技术可能带来的新增利润是讨论对价的基础。最终交易价格由买卖双方通过商务谈判确定。对价包括费用、权益资产、专利费、许可使用费。

费用包括入门费、维持费、里程牌费用、会员费。专利费包括过去、现在和将来需要支付的费用。若被许可人需要将流动资产用于技术开发或商业化活动，想用或只能用权益资产，例如股票支付专利许可费，那么 TTO 在有意接受权益资产时，就需要充分考虑股票价格的相对波动性，明确股票是签订许可合同时的市值或是还是未来某个时间点的价值。

对于不同的许可方式，学校采取不同的许可费处理方式。非独占许可，采用入门费、会员费；独占许可，采用按量或按额提成。提成的一般做法是量越大提成比例越低，但学校有时也采用量越大，提成比例越高的做法，主要的原因是分享做大做强的收益。为避免提成款项没有缴纳的情况发生，戴维斯分校常态化的做法是每年抽取一个或几个被许可人进行审计，并告知所有被许可人会采取该种方式。

5. 材料转让协议和保密协议

（1）材料转让协议。遗传和生物资源是戴维斯分校研究投入的关键。通过材料转让协议可以转让生物和遗传资源。在戴维斯分校，材料包括：生物材料（DNA、培养物、组织样品、细胞系、质粒、核苷酸、蛋白质、转基因动物、cDNA 文库、种子、活植物），化学化合物（药物、化学、纳米颗粒），物理对象（医疗器械、电脑芯片、面料）。材料转让协议通常都是小型文件，可能包含知识产权条款、保密条款和财务条款。戴维斯分校的执行量是每年签署约 900 份材料转让协议。

（2）保密协议。保密协议记载相关权利和义务，在双方讨价还价中达到平衡。保密协议的内容和技术转移的目的相关。保密协议的签订可以保护合作各方的利益。在签署许可合同前、评估研究项目可行性、进行第三方评估、技术许可、评估潜在的商用价值时，均需要签署保密协议。保密协议是技术转移中不可忽视的一步，参与技术转移过程的每个人都要知晓保密协议的具体内容。保密协议需要技术转移办公室人员、研发人员、与项目相关的每个人签字，虽然研发人员的签字并不具有法律效力，但其应该有知情权。

六、PIPPA 的成功经验

农业公共知识产权资源联盟（Public Intellectual Properry Resource for Agriculture，简称 PIPRA）成立与 2004 年，是一个位于加州大学戴维斯分校的非营利组织。其发起者包括美国加州大学、奥克兰、戴维斯和尔湾分校、唐纳德丹佛植物科学中心、北卡罗来纳州立大学、俄亥俄州立大学、康奈尔大学和威斯康星麦迪逊大学等 12 所美国大学和研究机构。成立之初，PIPRA 得到了洛克菲勒和麦克特基金会的支持。

PIPRA 关注发展中国家主要粮食和特产作物的知识产权问题，提供知识产权管理、形势指导和 FTO 分析等商业化策略，引导正确的知识产权发展方向，促进大学研发技术在社会上产生最广泛的影响。近些年来，PIPRA 的重心转到公共机构知识产权管理，专注知识产权分析、技术转移商业化策略，传授公共部门研究方法并开展广泛的教育培训活动。优先为发展中国家公共科研机构的科学家、技术管理人员、知识产权代理和决策者提供提升意识、能力建设和专业培训等服务。通过设立许可学院、举办研修班等形式，面向拉美和亚洲地区开展知识产权培训，推动全球技术转移合作网络的建立。

七、对中国涉农高校和科研院所技术转移的启示

1. 建立专业化的技术转移办公室

技术转移办公室对于提高大学技术商业化，缓解教师、企业和大学管理者之间因目标、动机和组织文化的显著差异而导致的各种冲突、提升产学研合作成功率、促进当地经济发展均具有重要作用。美国加州大学戴维斯分校技术转移的成功经验就是设立了一个强有力的技术转移办公室，能将产学研的不同主体有效结合在一起，为科技创新和产业协同发展提供支撑。目前中国大多数涉农高校和科研院所没有设立专门的技术转移办公室，技术转移职能主要依托学校的科技和成果转化管理机构，日常行使着科研项目申报与立项、经费管理、科技成果推广与产业化管理等职能。建议在有条件的高校可以尝试设立技术转移办公室，在科技创新与市场的互动过程中，帮助各方实现自己的诉求，使得产学研三方在科技创新成果的应用与转化上拥有较高的积极性与参与意愿。

2. 强化技术转移专业化人才队伍建设

技术转移人员是技术转移服务的主要执行者，其知识储备深度和广度决定了技术转移服务的能力和效果。美国加州大学戴维斯分校的高素质、专业化技术转移人员一般均具有复合型知识结构，既具备专业技术知识背景又有市场知识，为学校员工、企业提供专业化服务。国内涉农高校和科研院所技术转移工作人员一般是全职行政人员，缺乏基础研究背景以及相关商业经验，无法科学评估有潜力的研究成果，也不熟悉技术转移的相关规范。在国内高校和科研院所的研究人员中，真正懂得商业运作的人才也不多见。这种科技与经济的严重脱节，使得创新成果无法转化为现实生产力，导致国家科研资金的浪费。

基于此，国内涉农高校和科研院所应加强技术转移人才队伍建设，多渠道吸引复合型人才从事技术转移工作，促进有条件的高校开设培养技术转移专业人才的专业。

3. 完善科技创新共同体

在国内涉农高校和科研院所中，由于科研评价体系并不直接面向市场需求，高校长期以来积累了大量无法被直接投入市场应用的科技成果，这些成果往往很难直接与市场接轨，或不具有市场领先性，或不具备规模化生产的可行性，或缺少必要的服务支持，或只是单项的技术和产品，难以满足企业对成套技术和装备的需求等，因此多被长时间闲置起来。国内涉农高校和科研院所可以借鉴 PIPPA 的成功经验，构建适合我国涉农高校和科研院所特点的市场化运作、专业化分工的技术转移联盟，避免单打独斗，整合各方优势资源，提高技术转移成功率。

4. 处理好技术转移中的冲突问题

利益冲突和敬业冲突会有损大学的声誉和诚信，降低公众的支持，失去来自各方的支持。加强技术转移中的敬业冲突和利益冲突管理是国内高校需要强化的。国内涉农高校和科研院所可以借鉴美国加州大学戴维斯分校的“硬方式”。即对员工外部工作时间和身份做出明确的限制性要求，允许员工在某段时间内（如假期）从事有报酬的校外项目。当然，也可以借鉴斯坦福大学的“软方式”，即要求员工对大学的主要责任是忠诚，他们应当将时间和智力主要投入到学校的教育、研究和学位项目上，课外活动不应与大学的工作职责相抵触，但对具体的外部工作时间没有做明确要求。

5. 引入发明评估和风险管理机制

在加州大学戴维斯分校，发明专利申请前，就需要考虑专利申请的地域和费用，市场的地理位置和规模，未来制造、生产及销售专利产品的地域，许可转让的目标地中可授予专利的对象存在哪些局限，相关地域是否有专利权被许可人等问题。而在涉农高校和科研院所中，专利申请前的评估和风险管理近乎没有，即使有，也仅仅局限于专利的技术层面，注重技术的创新性、新颖性和实用性，而对法律层面和经济层面的评估则是缺失的，这也导致形成的发明专利由于不具备法律价值和经济价值大多束之高阁。

基于此，涉农高校和科研院所应在专利的申请阶段引入评估和风险管理机制，基于专利申请活动，分析技术发展现状和潜在合作伙伴和竞争对手，明确企业自身和技术的地位，确定新的研究机遇，避免低水平重复研究、跟风式立项，强化知识产权对科研活动的引导。

6. 重视签署保密协议

在美国加州大学戴维斯分校技术转移的全过程中，签署保密协议是一种非常普遍的做法。反观国内涉农高校和科研院所，通常的做法是签署技术转让协议或技术合作开发协议时，仅在合同文本中有保密条款，而在合同签署前，通常仅口头约定合作内容，无论成功与否，并不涉及保密协议。建议涉农高校和科研院所在技术转移的全流程中强化保密意识，通过签订保密协议保护多方利益，避免知识产权纠纷的产生。

参考文献

曹亚莎，谭洁，王奎武，等，2018. 基于专利信息的中国粮油产业技术研发态势分析［J］. 科技管理研究（8）：131-138.

段莉，2006. 元认知理论、作用及其能力的培养［J］. 中北大学学报（社会科学版），22（2）：42-44.

方放，李想，石祖梁，等，2015. 黄淮海地区农作物秸秆资源分布及利用结构分析［J］. 农业工程学报（31）：229-233.

龚艳，傅锡敏，2008. 现代农业中的航空施药技术［J］. 农业装备技术，34（6）：26-29.

郭成，2014. 元认知训练对小学生数学问题解题能力的影响［J］. 西南师范大学学报（自然科学版），29（1）：128-133.

胡少华，邱斌，2004. 棉花产出增长中的政策、制度、技术与区域因素［J］. 中国农村经济，3：55-58.

李丹，2018. 专利领域市场支配地位的认定［J］. 电子知识产权（5）：21-29.

李纪周，2013. 我国农用无人直升机发展探讨［J］. 农机科技推广（10）：37-38.

李瑾，孙留萍，郭美荣，等，2017. 中国农机装备水平区域不平衡的测度与分析［J］. 农业现代化研究，38（3）：397-404.

李晓桃，袁晓东，2019. 揭开专利侵权赔偿低的黑箱：激励创新视角［J］. 科研管理，40（2）：65-75.

刘欢瑶，周脚根，周萍，等，2014. 中南地区作物秸秆处理的区域特征及其影响因素分析［J］. 第四纪研究，34（4）：848-854.

刘孝峰，胡军勇，贺桂仁，等，2015. 河南省棉花轻简化育苗机械化移栽技术进展［J］. 中国棉花，42（12）：1-3.

罗立国，2018. 核心专利识别指标研究［J］. 中国发明与专利，15（4）：63-68.

雒园园，田树军，谭淑霞，2009. 国内专利竞争力评价研究综述［J］. 科技管理研究（9）：161-164.

乔永忠，2011. 不同类型创新主体发明专利维持信息实证研究［J］. 科学学研究，29（3）：442-447.

茹煜，金兰，周宏平，等，2014. 航空施药旋转液力雾化喷头性能试验［J］. 农业工程学报，30（3）：51-55.

桑春晓，2018. 棉花种植及生产机械化发展研究［J］. 安徽农业科学，46（5）：

227-230.
宋河发，穆荣平，陈芳，2010. 专利质量及其测度方法与测度指标体系研究［J］. 科学学与科学技术管理（4）：21-27.
王菲菲，杨雪，黄海林，2012. 我国元认知理论与实践研究综述［J］. 高教研究与实践，31（3）：7-13.
王刚，2013. 安阳市利用农用无人直升机开展植保专业化统防统治初探［J］. 中国植保导刊（7）：60-62.
王光明，佘文娟，王兆云，2016. 高中生数学元认知水平调查问卷的设计与编制［J］. 心理与行为，14（2）：152-161.
王辉，王桂民，罗锡文，等，2019. "互联网+"农机：产业链融合模式、瓶颈与对策［J］. 农业工程学报，35（4）：11-19.
王双磊，李金埔，赵洪亮，等，2014. 棉花秸秆利用现状与还田潜力分析研究［J］. 山东农业大学学报（自然科学版），45（2）：310-315.
王玮，2012. 技术标准中必要专利的认定［D］. 武汉：华中科技大学.
王友华，蔡晶晶，杨明，等，2018. 全球转基因大豆专利信息分析与技术展望［J］. 中国生物工程杂志，38（2）：116-125.
魏海燕，2013. 中国专利的现状分析及技术创新思考［J］. 科技管理研究（1）：1-8.
吴庆麟，2000. 认知教学心理学［M］. 上海：上海科学技术出版社.
许海云，方曙，2014. 基于专利功效矩阵的技术主题关联分析及核心专利挖掘［J］. 情报学报，33（2）：158-166.
薛新宇，梁建，傅锡敏，2008. 我国航空植保技术的发展前景［J］. 中国农机化（5）：72-74.
颜廷武，李凌超，张俊飚，2015. 生产效率导向下中国农机装备制造业发展地区评价与路径选择［J］. 中国科技论坛（7）：123-129.
杨冠灿，刘彤，李纲，等，2013. 基于综合引用网络的专利价值评估研究［J］. 情报学报，32（12）：1265-1277.
杨增玲，楚天舒，韩鲁佳，等，2013. 秸秆饲料化集成技术模式及其区域适用性评价［J］. 农业工程学报，29（23）：187-193.
喻树迅，张雷，冯文娟，2015. 快乐植棉——中国棉花生产的发展方向［J］. 棉花学报，27（3）：283-190.
张国庆，2011. 农用航空技术研究述评与新型农业航空技术研究［J］. 江西林业科技（1）：25-30.
张克群，牛悾悾，夏伟伟，2018. 高被引专利质量的影响因素分析——以 LED 产业为例［J］. 情报杂志，37（2）：81-86.
赵萍，张博，王学昭，2018. 农业生物技术领域专利态势分析［J］. 中国生物工程杂志，38（8）：100-107.

周文，2008. 农用无人植保直升飞机的运用与推广［J］. 农业工程（5）：72-74.

ALBERT M B，AVERY D，NARIN F，et al.，1991. Direct Validation of Citation Counts as Indicators of Industrially Important Patents［J］. Research Policy，20（3）：251-259.

BESSEN J，2008. The Value of U. S. Patents by Owner and Patent Characteristics［J］. Research Policy，37（5）：932-945.

BREITZMAN A，THOMAS P，2002. Using Patent Citation Analysis to Target/Value M&A Candidates［J］. Research Technology Management，45（5）：28-36.

ERNST H，2003. Patent Information for Strategic Technology Mana-Gement［J］. World Patent Information，25（3）：233-242.

FISCHER T，LEIDINGER J，2014. Testing Patent Value Indicators on Directly Observed Patent Value—An Empirical Analysis of Ocean Tomo Patent Auctions［J］. Research Policy，43（3）：519-529.

GOLDEN，JOHN M，2007. Patent trolls and patent remedies［J］. Texas Law Review，85：2111-2161.

HARHOFF D，NARIN F，SCHERER F M，et al.，1999. Citation Frequency and the Value of Patented Inventions［J］. Review of Economics and Statistics，81（3）：511-515.

HARHOFF D，SCHERER F M，VOPEL K，2003. Citations，Family Size，Opposition and the Value of Patent Rights［J］. Research Policy，32（8）：1343-1363.

HARHOFF D，SCHERER F M，VOPEL K，2003. Exploring the Tail of Patented Invention Value Distributions［C］//Granstrand O. Economics，Law and Intellectual Property. Boston：Springer US：279-309.

KARVONEN M，KASSI T，2013. Patent Citations as A Tool for Analysing the Early Stages of Convergence［J］. Technological Forecasting and Social Change，80（6）：1094-1107.

LANJOUW J O，SCHANKERMAN M，2004. Patent Quality and Research Productivity：Measuring Innovation with Multiple Indicators［J］. The Economic Journal，114（495）：441-465.

LERNER J，1994. The Importance of Patent Scope：An Empirical Analysis［J］. Rand Journal of Economics，25（2）：319-333.

MERGES，R P，1988. Commercial Success and Patent Standards：Ec-Onomic Perspectives on Innovation［J］. California Law Review，76（803）：805-876.

SCHERER F M，HARHOFF D，2000. Technology Policy for a World of Skew-Distributed Outcomes［J］. Research Policy，29（4）：559-566.

TEKIC, ZELJKO, KUKOLJ, et al., 2013. Threat of Litigation and Patent Value [J]. Research Technology Management, 56 (2): 18-25.

TRAJTENBERG M A, 1990. Penny for Your Quotes: Patent Citations and the Value of Innovations [J]. Journal of Economics, 21 (1): 172-187.

WANG B, C H HSIEH, 2015. Measuring the Value of Patents with Fuzzy Multiple Criteria Decision Making: Insight Into the Practices of The Industrial Technology Research Institute [J]. Technological Forecasting and Social Change, 92: 263-275.

附　表

科研单位简称对照表

单位全称	单位简称
中国农业科学院作物科学研究所	作科所
中国农业科学院植物保护研究所	植保所
中国农业科学院蔬菜花卉研究所	蔬菜花卉所
中国农业科学院农业环境与可持续发展研究所	环发所
中国农业科学院北京畜牧兽医研究所	牧医所
中国农业科学院蜜蜂研究所	蜜蜂所
中国农业科学院饲料研究所	饲料所
中国农业科学院农产品加工研究所	加工所
中国农业科学院生物技术研究所	生物所
中国农业科学院农业资源与农业区划研究所	资化所
中国农业科学院农业质量标准与检测技术研究所	质标所
中国农业科学院农田灌溉研究所	灌溉所
中国水稻研究所	水稻所
中国农业科学院棉花研究所	棉花所
中国农业科学院油料作物研究所	油料所
中国农业科学院麻类研究所	麻类所
中国农业科学院果树研究所	果树所
中国农业科学院郑州果树研究所	郑果所
中国农业科学院茶叶研究所	茶叶所
中国农业科学院哈尔滨兽医研究所	哈兽研
中国农业科学院兰州兽医研究所	兰兽研
中国农业科学院兰州畜牧与兽药研究所	兰牧药

（续表）

单位全称	单位简称
中国农业科学院上海兽医研究所	上兽医
中国农业科学院草原研究所	草原所
中国农业科学院特产研究所	特产所
农业农村部沼气科学研究所	沼气所
农业农村部南京农业机械化研究所	南农机
中国农业科学院烟草研究所	烟草所

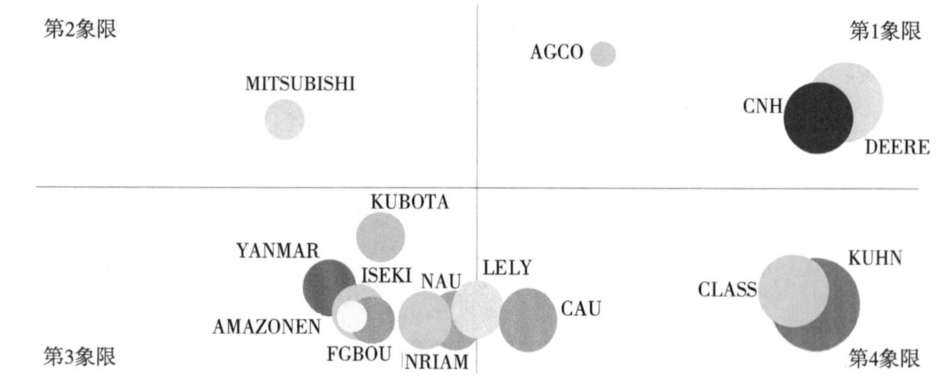

KUHN（法国库恩）；DEERE（美国迪尔）；CNH（美国凯斯纽荷兰）；CLASS（德国克拉斯）；CAU（中国农业大学）；NAU（东北农业大学）；LELY（荷兰 C.VAN DER LELY N.V.）；NRIAM（农业农村部南京农业机械化研究所）；YANMAR（日本洋马）；ISEKI（日本井关）；KUBOTA（日本久保田）；FGBOU（俄罗斯 FGBOU VPO UGATU）；MITSUBISHI（日本三菱重工）；AMZONEN（德国阿玛松）；AGCO（美国爱科）。

图 5-2　主要创新机构竞争态势

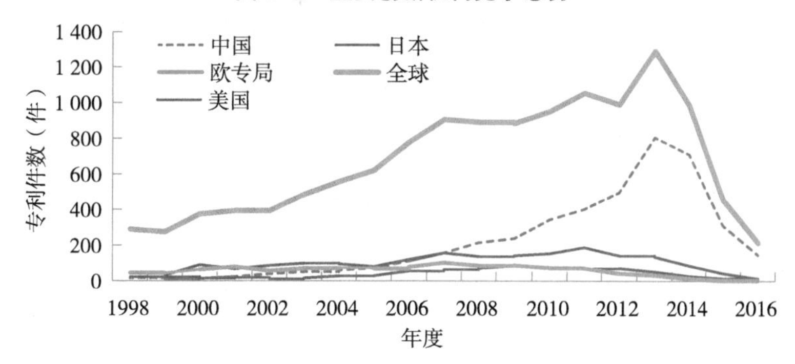

图5-5　年度发展趋势

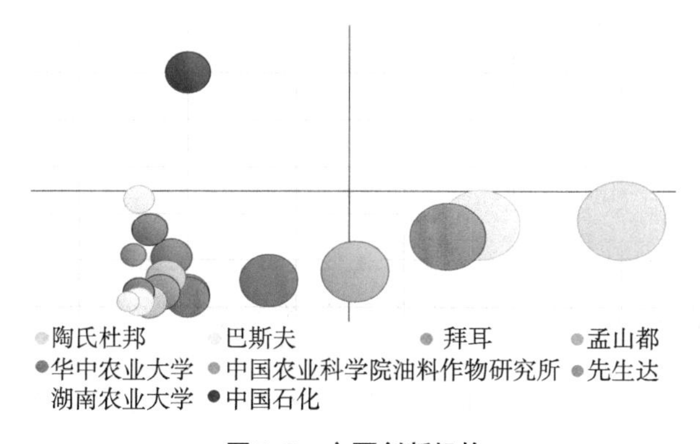

图5-8　主要创新机构

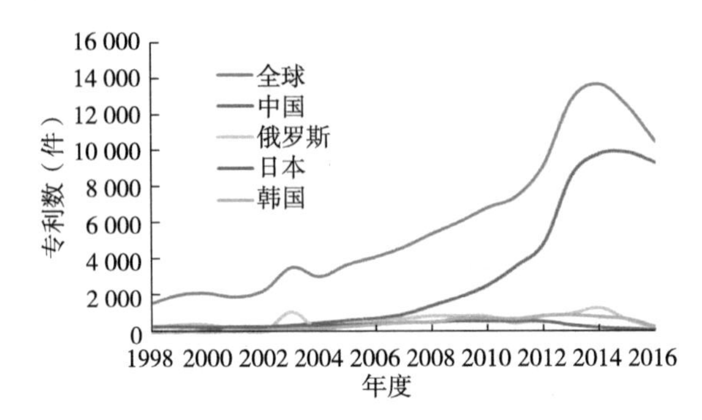

图5-12　年度趋势

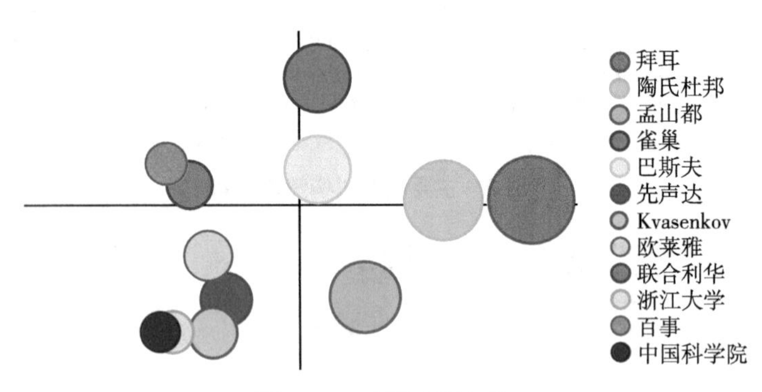

图5-14　主要创新机构

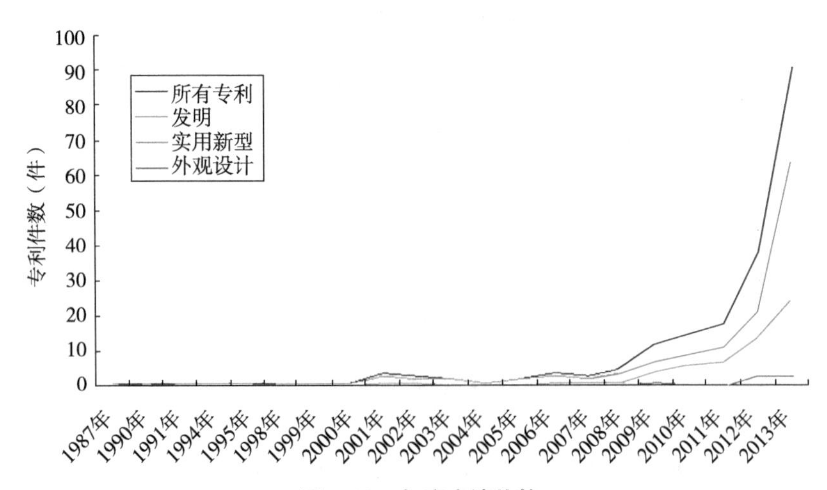

图5-21　年度申请趋势